かんたん！らくらく！

草取りのコツ

神津 博 監修

ナツメ社

はじめに

庭に広がる青々とした芝生、収穫が楽しみな家庭菜園、花壇やプランターでの植栽など、植物のある生活は癒しと潤いを与えてくれます。しかし、それと同時に「手入れ」というわずらわしさもついてまわります。庭や家の周りの手入れをはじめてみると、いたるところに雑草が生えることに気づかされます。いったん取り除いたらそれで終わりというわけにはいかず、延々と続く草取りに悩まされてきた人は多いでしょう。

造園業という仕事柄、雑草を放置して庭が荒れ果ててしまい、そこかしこに虫がわいているという光景に出くわすことがあります。もはや個人では手に負えない状態です。そうなる前に、庭や家の周りはきちんと管理しておきたいものです。

本書は、面倒な草取りを効率的に、また楽に行う方法について、写真とイラストで紹介しています。

冒頭では、雑草と草取りの基礎知識を紹介します。やみくもに雑草を取り除くのではなく、計画的に草取りをすることの大切さがわかります。

2章では、実際の草取りの方法を写真で解説しています。雑草の種類別に取りやすい方法を一例として示しましたが、生えている環境や生育状況によって取り方は変わるので、取る際のヒントにしてください。

草刈り機を使って、より広範囲の雑草を処理する方法を紹介しているのが３章です。草刈り機は、雑草を取り除くときの強い味方になります。操作のコツを知っていれば、安全に楽に作業ができます。

４章では、「カーポート」「デッキ下」「玄関アプローチ」など、庭に限らず家の周りに生える雑草に対処する方法を場所別に紹介します。同じ種類の雑草でも、生えている場所によって取り方が異なる場合があるので、実情に合った取り方の参考にしてください。

そして５章では、除草剤を使って化学的に雑草を取り除く方法を示しました。除草剤と聞くと二の足を踏む人もいますが、過剰に怖れることはありません。正しく使えば、草取りの労力を大幅に軽減してくれます。

最後の章では「雑草を生やさない予防」という視点で、防草シートや人工芝などを張るアイデアを紹介しています。太陽の光を遮断することで防草効果が得られるので、庭づくりの一環としてチャレンジしてもいいでしょう。

本書を通して、これまでの苦痛から少しでも解放され、楽に、できれば楽しく草取りができるようになれば、たいへん嬉しいです。

神津 博

※ 本書に登場する草取りに適した時期や雑草の生育期は、おおよその目安です。地域や気候によって異なります。

目次

1章

草取りを始める前に

2章

雑草別・草取りガイド

3章

草刈りの基本テクニック

4章

場所に応じた草取りのコツ

5章

除草剤のじょうずな使い方

6章

雑草を増やさない防草の工夫

処理別・草取りカレンダー

それぞれの除草の方法について、どの時期に行うのが適しているかをまとめました。

雑草の状態	方法／月	草取り	草刈り	除草剤	防草シート
発芽・発生期	2				↕
	3				↕
	4			↕ 土壌処理型	
生育盛期	5			↕ 土壌処理型 ／ ↕ 茎葉処理型	
	6	↕ 1回目	↕ 3回に分けて	↕ 茎葉処理型	
	7	↕ 1回目	↕	↕	
	8		↕	↕	
生育晩期	9	↕ 2回目	↕		
	10	↕ 2回目			↕
	11	↕ 3回目		↕ 土壌処理型	↕
休眠期	12	↕ 3回目		↕ 土壌処理型	↕
	1				↕

※ 雑草の生育状況や地域によって実施時期は変動するので、ひとつの目安としてください。

1章

草取りを始める前に

雑草をじょうずに管理する方法を考える

◎「雑草」という名の植物はない

どこにでも生えてきて、取ってもすぐに生えてくる雑草にこまらされている人は多いでしょう。ただ、そもそも植物学的には「雑草」という種類の植物はありません。人の生活圏の身近に自生していて、人に好まれない植物の総称が「雑草」なのです。同じ植物でも、人によって何を雑草と見なすかは違います。雑草かそうでないかは、その人の見方で決まるのです。

もともとは荒れ地や空き地に人が入り、宅地や農地にしてきました。雑草からすれば、人が入り込む以前から、その環境に適応して繁殖していたのです。言い換えれば、「どこにでも生えてくる」のではなく、それぞれの雑草に適した環境に生えているにすぎません。

雑草を取り除き、生えにくい環境にすることで、しだいに雑草を減らしていくことができます。反対に放置すると、やがて元の状態に戻ってしまいます。だからこそ管理することが大切になります。

◎雑草を取り除く対処法

雑草を取るときの対処法は、大きく３つに分かれます。

①草取りをする
②草刈りをする
③除草剤を用いる

どの方法を用いるのがいちばんいいのかは、雑草の種類や繁茂の程度、場所によって違います。またどのくらい手間をかけられるかも人によって異なるでしょう。本書では草取りを中心に、草刈りの方法は３章、除草剤の手順については５章で紹介していますので、自分の環境に適した方法を選ぶときの参考にしてください。

◎ どの方法で草を取り除けばいいか

本書で中心に扱う草取りとは、土のなかに張っている根を引き抜いてしまう、またはカマなどを使って根を断ち切ることを指します。根から処理するので、数日でまた雑草が生えてきてしまうということはありません。

しかし、地中に根が強く張っている場合、引き抜くのには力が必要になりますし、ススキのように根が深いものは、完全に取り除こうと思えば、土を深く掘らなければならず、とても労力がかかります。

いっぽう、草刈り機で雑草の地上部を短く刈る草刈りは、草取りほど労力はかかりません。処理が広範囲に及ぶ場合には適しています。ただ雑草の根は残るため、生長が速かったり、繁殖力の高かったりする雑草なら数日で再び生えてきてしまうこともあります。雑草を根本的には取り除けないので、何度も行う必要があります。

除草剤を用いる方法は、化学的な処理によって雑草を取り除くことです。この方法の最大の利点は、手間がかからないという点です。しかし、正しい方法でやらないと効果が得られなかったり、周りの環境（庭の植栽など）に影響を与えたりしかねません。正しい使い方を理解することが大切になります。

それぞれ適した環境や条件を以下にまとめておきますので、参考にしてください。

適した環境や条件

草取り	草刈り	除草剤
・雑草の生えている範囲が限定的 ・雑草の量が多くないところ ・雑草対策の回数を減らしたい場合	・周囲にものがなく開けたところ ・雑草が茂っているところ ・まずは見栄えをよくしたい場合	・周囲に気になる植栽がない ・雑草が広範囲に広がっているところ ・手間をかけずに対処したい場合

雑草について知る①
雑草で異なる広がり方と生育サイクル

◎ 雑草は数多くの種をつける

雑草の多くは、種によって子孫を増やしていく種子(しゅし)植物です。種子植物には、アボカドのように大きな種をつけるものと、エノコログサのように小さな種子をいくつもつけるものがありますが、基本的に雑草は後者です。

大きな種子の植物は発芽後の生育がいいため、すでにほかの植物が生えているところでも育つことができます。しかし、小さな種子は発芽初期の芽が小さいため、ほかの植物がたくさん生えているところでは負けてしまい、なかなか生育できません。

そのため、雑草のような小さな種子の植物は、まだほかの植物に覆われていない場所で生育しやすいのです。具体的には、河川敷や傾斜地をはじめ、農地や宅地など、土が混ざり合い、また光合成のしやすい日の当たる場所です。つまり人の生活圏は、雑草にとって適した環境ということができるのです。

◎ 雑草が種子を広げるさまざまな手段

種子が多いことに加え、雑草の多くはその種子を広範囲に拡散させる手段を持っています。風や人、動物を利用してあっという間に増えていくのです（下図）。

種子を広げる手段

風を利用して広がる種子	動物や人の衣服にくっついて広がる種子	実を食べた鳥や動物の糞によって広がる種子
例・セイヨウタンポポ ・ヒメジョオン ・セイタカアワダチソウ	例・アメリカセンダングサ ・オナモミ ・チヂミザサ	例・ヘビイチゴ ・クワ ・アケビ

◎雑草によって違う生育サイクル

雑草の生育サイクルは、大きく「一年草」「二年草」「多年草」に分けられます。一年草は、種がこぼれてから、発芽→生長→開花→結実→枯死（こし）までのサイクルが1年以内に完結するものです。翌年には、別の種子からまた発芽→生長→……というサイクルを繰り返します。つまり毎年、世代交代をしている雑草です。一年草のなかでも、秋や冬などに発芽し、年をまたいで翌年の春に開花するものを「越年草」と呼ぶこともあります。

二年草は、発芽→生長→開花→結実→枯死というサイクルが1年以上かかるものです。はじめの年は、根を広げ茎や葉を出しますが、開花まではいたりません。2年目になって、花を咲かせ、実を結び、そして枯れていきます。二年草の雑草は種類が少なく、あまり見かけないかもしれません。

多年草は、一度発芽して生長すると毎年花を咲かせるものです。季節によって地上に出ている部分が枯れる場合がありますが、地上部分が枯れても、地下の部分は枯れずに残っています。その地下部分では、光合成によって得た栄養分を貯蔵して年々大きくなっていきます。たとえば、ススキは地下で球根を大きくして繁殖するため、大きくなると草取りがたいへんになります。まめに草取りをしていても、翌年また頭を悩ませる雑草の多くは、この多年草です。

生育サイクルによる分類

一年草			
		越年草	
発芽から枯死まで1年以内に完結する	例・メヒシバ ・スベリヒユ ・コニシキソウ	秋や冬などに発芽し年をまたいで春に開花する	例・カラシナ ・イヌノフグリ ・ナズナ

二年草	
発芽から枯死まで2年かかる	例・オオアレチノギク ・キツネノテブクロ

多年草	
発芽して生長すると毎年花を咲かせる	例・ギシギシ ・ヤブガラシ ・スギナ

※二年草を「越年草」と呼ぶ場合もあるが、ここでは分けて考える。

雑草について知る②
劣悪な環境に耐えるさまざまな能力

◎ 地中で生存する雑草

雑草のなかには、生育に適さない季節のあいだ、地上に出ている部分が枯れても、地中の地下茎や球根だけで生存しているものがあります。スギナがその典型例ですが、このような雑草は、草取りをしようとしても枯れているあいだは目につかないのでやっかいです。雑草を取り除き、地表がきれいになったように見えても、地下ではしぶとく生きていることがあるのです。

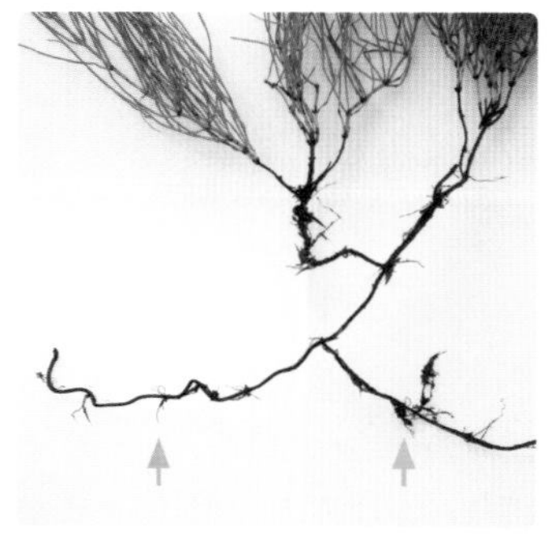

スギナの地下茎（矢印部分）

◎ 種子のまま休眠する雑草

多くの雑草の種子には休眠性という性質があります。休眠性とは、種子が地面に落ちてもすぐに発芽せず、生育に適した環境が整うまで、じっと種子のままでいる性質のことです。

たとえば、春から秋にかけて生育する雑草は、秋に種子をつけて地面に落ちてすぐに発芽してしまうと、冬の寒さや乾燥に耐えられません。そのため、春まで発芽しないで種子のまま休眠するのです。反対に、秋から翌年の春にかけて生育する雑草（越年草や二年草）は、夏に種子をつけて地面に落ちても、夏の暑さに耐えられないことを見越して、すぐには発芽しません。気温が下がる秋になるまで種子のまま休眠します。植物のなかには、環境が整うまで何年ものあいだ、休眠しつづける場合もあります。

庭に落ちた小さな種子を、この段階で見つけて取り除くことはできないので、結果、雑草が芽を出すまで待つしかありません。雑草をいくら取ってもまた生えてくるという状況のひとつには、こうした雑草の性質があるのです。

◎ 強い生命力、高い適応能力

アスファルトの割れ目から生えている雑草を見ると、その生命力の強さに驚かされます。そのような劣悪な環境では、園芸植物や農作物などは生育することができません。しかし、低温や高温、乾燥など、一般的に植物にとっては劣悪とされる環境でも生育する雑草は数多くあります。

さらに、適応力の高さも雑草の強い武器です。たとえば、シロツメクサ（クローバー）のように、地表に伸びる茎が上でなく横に広がっていく雑草があります。この横に伸びる茎はランナーと言い、このような雑草は匍匐（ほふく）性植物とも呼ばれます。シロツメクサは、ほかの雑草とくらべて荒地でも生育することができ、その横に広げる匍匐性を利用して生育面積をどんどん広げていくのです。

アスファルトの裂け目から生えるイネ科の雑草

シロツメクサのランナー（矢印部分）

◎ 雑草の意外な弱点

雑草には強い生命力、高い適応力があるため、人間が意識的に取り除かなければ、園芸植物や農作物は負けてしまいます。つまり、放置された状態では雑草のほうが強い立場にあるといえるでしょう。

ただ弱点がないわけではありません。雑草の多くは背が低い草本（そうほん）植物のため、森林など高い樹木が密集している環境では、日当たりが悪く生育しづらいのです。

言いかえれば、人が木を切って宅地や農地にした環境は、雑草にとっては生育に適した環境になるのです。

草取りをするなら適した天気と季節を考える

◎ 雨が降った後の晴天がチャンス

せっかく草取りをするなら効率を考えたいものです。草取りをする前に天気をチェックして決めましょう。雨が降った後、晴天が２～３日続いた頃がベストです。雨が降ったことで雑草の生長速度が速くなりますので、このときに草取りをするほうが効率的です。

草取りをしたのに、その直後に雨に降られてしまうと、せっかく取り除いた雑草がふたたび伸び始めてしまい、効率的ではありません。

また、草取りのしやすさという点では、雨上がりの土がまだ軟らかい状態のほうが楽に取れるでしょう。

◎ 一年草、二年草は花が咲く前が肝心

雑草の生命サイクルの違いから、草取りの時期を考えてみましょう。一年草や二年草の多くは種子で繁殖します。種子をつけなければ増えることができず、季節をすぎれば枯れていきます。つまり、種子をつけないようにさえすれば、いずれ姿を消すのです。一年草や二年草は、花が咲く前に取り除いたほうがいいことになります。

ところが多年草は、種子をつけさせないようにするだけでは取り除けません。地上に出ている部分が枯れても、地下茎（ちかけい）や球根が残っているからです。たとえ土を掘り返して、徹底的に地下茎や球根を取り除いたつもりでも、多少は残ってしまうので、そこから生長していきます。

ただ、地下茎や球根が残っていても地表に出ている部分がなければ光合成ができないので、生長し続けることはできません。そして、その状態が長く続けば、いずれ地下茎や球根は小さくなっていき、やがてなくなります。

だから多年草は見つけしだい抜くとともに、地表に出ている部分を定期的に取り除く必要があるのです。

◎雑草を本格的に取るのは年３回

つぎに、定期的に草取りをする場合の時期について考えます。効率を考えるなら雑草の生長周期にあわせて行うことです。ひとつの基準は、6月〜7月、9月〜10月、11月〜12月の年3回の草取りです。もちろん雑草の種類や地域によって繁茂する時期は異なりますので、あくまで目安と捉えてください。

6月〜7月は、多くの雑草が夏に向けてどんどん生長していく季節です。その生長を抑制するために、この時期にまず取り除くようにしましょう。ただ、その土地で初めて草取りをする場合や、繁殖力の強い雑草が生えている場合は、それより前の4月〜5月に草取りをしておくと、その後が楽になります。

9月〜10月は、気温が低くなって雑草の生長力も弱くなっている季節です。この時期の草取りで、秋に発芽する雑草（越年草）を取り除くことができます。

11月〜12月になると、枯れ草が多くなります。この時期には、わずかに残る雑草と枯れ草の処理を行うことで景観を整えましょう。

年3回はたいへんなら、少なくとも6月〜7月と11月〜12月の2回でもいいでしょう。頻繁に行うことが苦にならないのなら、本格的な草取りをした後、2週間に一度くらいのペースで草刈りをしましょう。しだいに雑草の生長速度は弱まり目立たなくなっていきます。

草取りカレンダー

雑草の生長時期に合わせて、年３回の草取りを目安にする。

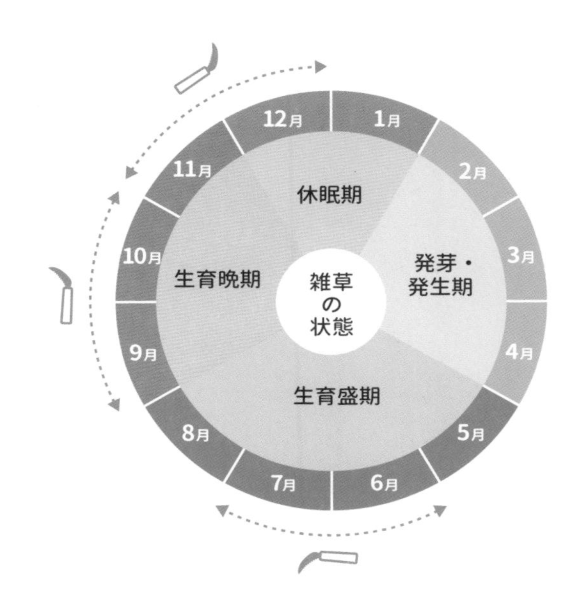

：草取りのタイミング

草取りするときの基本的な服装

◎ 草取りには草取りの服装で

草取りをする際、道具もさることながら服装は大切です。草取りにふさわしい服装をすることは、効率にもかかわってきます。とくに暑さ対策、虫よけ対策をしっかりしましょう。一例を写真で挙げておきましたので参考にしてください。

草取りの服装

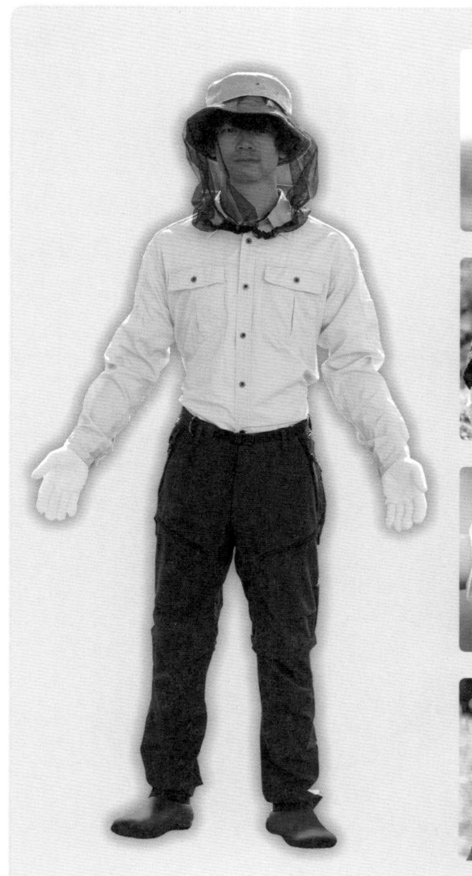

帽子

顔だけでなく首元まで覆う虫除けネット付きの帽子が便利。

アームカバー

手袋の上から着けることで腕を伸ばしても肌の露出を防げる。

手袋

爪に入る土が気になるなら薄手の手袋で二重にする。

服装の色

蜂のいない場所では汚れの目立たない色の濃い服装でもOK。

◎ 草取りしやすいスタイルとは?

服装は上下とも動きやすく、また雑草や土などで汚れづらいポリエステルなど化学繊維のものが一般的です。雑草が繁茂している場所は、虫がいることも多いので、肌が露出しないように長袖、長ズボンが基本です。また、袖の部分には、虫対策と土対策になるアームカバーをしてもいいでしょう。

とくに黒っぽい色は、蜂を刺激するといわれていますので、蜂が出るシーズンは、黒い服装は避け、明るい色の服装で行ったほうがいいかもしれません。

作業中のゴム手袋は必須です。指先の細かな作業が必要になるため、綿製の軍手よりゴム手袋のほうが適しています。指にフィットするものを選びましょう。

また、ゴム手袋をしていても爪のあいだに土が入ってしまうことがよくあります。気になる場合は、ゴム手袋の下に使い捨ての薄手の手袋をして、二重にするという方法もあります(ただし、作業をしているとどうしても蒸れてくるので肌の弱い人は控える)。

暑い季節になってきたら、冷感タオルを使用したり、タオルの内側に小さな保冷剤を収めたりする工夫をしましょう。熱中症対策のためにも帽子は必須です。虫除けネットのついた帽子が便利です。

◎ しゃがまずに草取りをする方法

どうしても草取りは、しゃがんで行うことが多くなります。腰や膝に不安をかかえている場合は、キャンプなどで使うような小さなイスを用意して、座りながらできる工夫をしてください。

また、背丈のある雑草を取る場合や取る範囲が比較的広い場合には、立ったまま作業できる柄の長いカマを利用してもいいでしょう。いずれも無理のない姿勢で草取りをすることを心がけましょう。無理をしながらの草取りは長続きしません。

自分に合った草取りの道具を準備しよう

カマ（小ガマ）

草取りの基本となる刃渡りおよそ15cmの道具。根を断ち切って引き抜くときだけでなく、アスファルトの割れ目やコンクリートなどのすき間に生える雑草をかき取る場合にも便利。使うときは、刃先に力が入りやすいよう短く持つことを心がける。

ねじりカマ

刃が柄（え）に対してねじれた形で、刃先が広がっているのが特徴。草をかき取るときに使う。

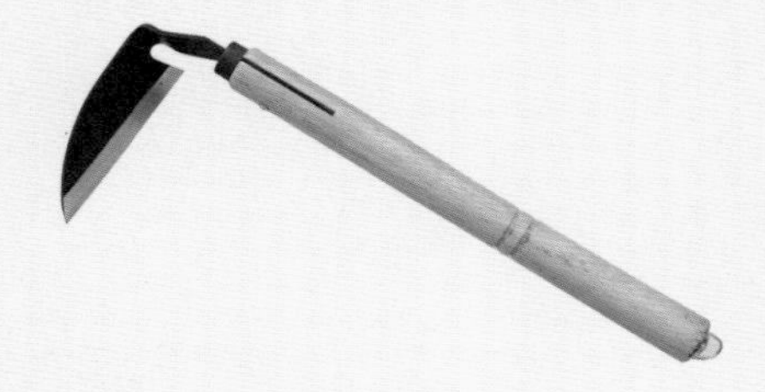

草削り（くさけず）り

刃が柄に対して直角に近い角度に取りつけられているカマ。土の表面を削りながら草を根元からかき取ったり、取った雑草をかき集めたりする。

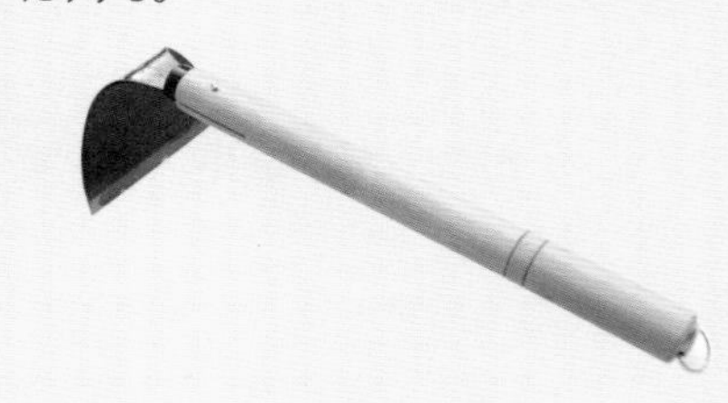

長柄（ながえ）ねじりカマ

ねじりカマと同じ形状だが、柄が長く力を入れやすい。草丈のある雑草の草取りや、しゃがんで草取りをするのが難しいときに便利。

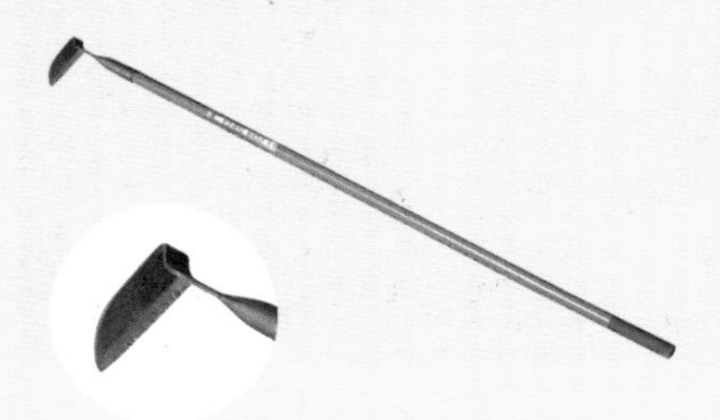

長柄草削り

長柄ねじりカマ同様、柄が長いので力を入れやすい。

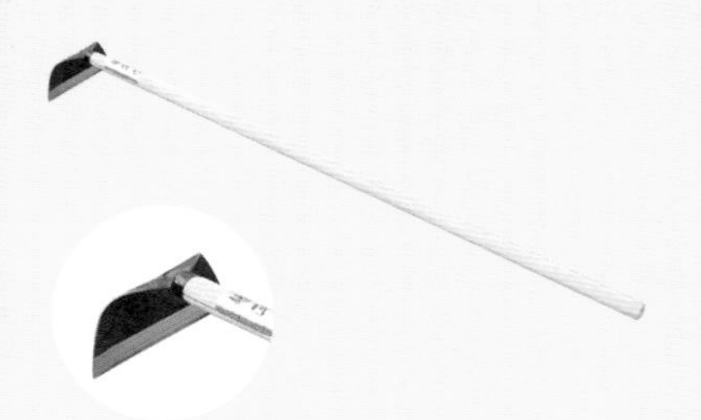

草取りで使える道具を紹介します。すべてをそろえる必要はありません。生えている雑草の状態に合わせて選びます。いちばん大切なのは自分の使いやすい道具を見つけることです。

草抜きフォーク

雑草の根元を先端のフォーク状の部分にはさんで、てこを利用して上に引き上げる。カマよりも地面を傷めないので、芝生や花壇のなかに生えた雑草を取るのに適している。

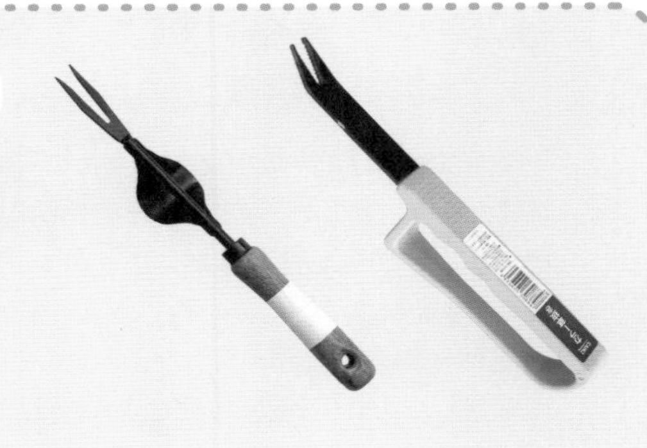

草抜きニッパー

草抜きに特化したハサミ。プランターや花壇など植栽が周りにあるような狭いところで使うのに便利。雑草の根をはさんで引き抜く。

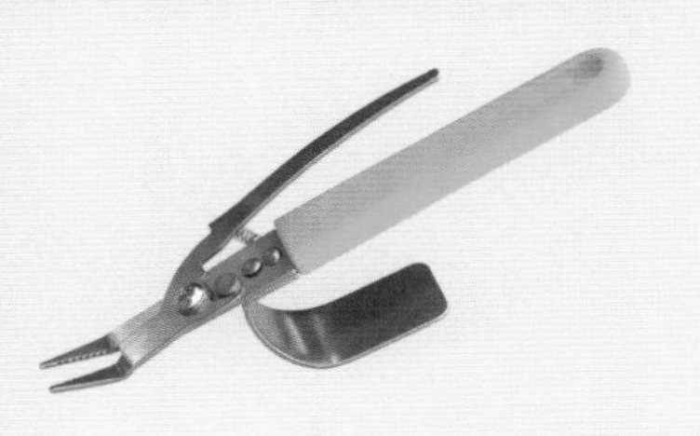

熊手

草の根をはさんで引き切って使ったり、取り除いた雑草の根についた土をはらったりするときに使用する。「根かき」と呼ばれる爪が2本のものもある。

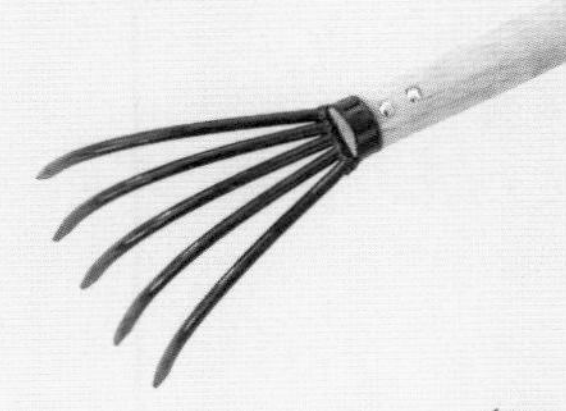

長柄三角ホー

一般的に、クワやクワ状のものをホーと呼び、とくに頭の部分が三角形の形をしているものが三角ホー。三角形の辺で土の表面を削ったり、三角形の角で土を掘り起こして根の深い雑草を取る。

レーキ

柄の長い熊手のような形状をしている。草刈りで取り除いた雑草をかき集めるほか、凹凸のある地面を平らに整地するときにも使う。

雑草と楽しくつき合う ❶

草取りには「いい加減さ」も大事

雑草の生命力は、とても強いもので、ていねいに草取りをしても、いずれまた生えてきます。除草剤をまいても同じです。いったんは取り除けたかのように見えても、土のなかに残っている種子があるので、そこから雑草は生えてきます。

雑草をなくそうと思えば、タイルや人工芝を敷きつめたり、ウッドデッキを設置したりするなど、地面をすべて覆ってしまうしかありません。しかし高額の費用がかかりますし、経年劣化による傷みで、いずれ取り替える必要が出てきます。

雑草取りをテーマしているウェブサイトには、コンクリートで覆う方法もあると紹介している記事がありますが、いくら雑草にこまるからといって、庭をコンクリートで覆ってしまおうと考える人は少ないはずです。これでは、とても殺風景になり庭の意味がありません。

花を育てたり、木を植えたりして楽しむための庭のはずです。花や木を育てるためには土が必要で、土があれば必然的に雑草は生えてくるものなのです。

ここは、雑草への考え方を見直しましょう。

雑草を目の敵(かたき)とばかり、すべてを完全に取り除こうなどとは思わないことです。もちろん、適度な管理は必要になってきますが、そこはあまり神経質にならず、ある意味「いい加減」につき合うのです。

できれば「草取りも庭いじりのひとつ」くらいに捉え、じょうずに共存していく方法を見つけたほうがストレスになりませんし、庭いじりを楽しめるのではないでしょうか。

2章

雑草別・
草取りガイド

根のタイプ別
効率的な草取り

type
1

タイプ ①

茎が真上に伸び
根は真下に長く伸びる雑草

　茎が真上に伸びた雑草の大半は、根も真下に伸びている。このタイプは、カマで主根（しゅこん）を断ち切るか、手で真上に引き抜けば、比較的簡単に草取りできる。

type
2

タイプ ②

茎は短く葉が放射状に広がり
根は横に伸びる雑草

　茎の丈が短く葉が放射状に広がっている（ロゼットと呼ぶ）のが特徴。主根から枝分かれした根が横にも伸びているため、手で引き抜くのは難しい。根の深いところをカマで断ち切るといい。

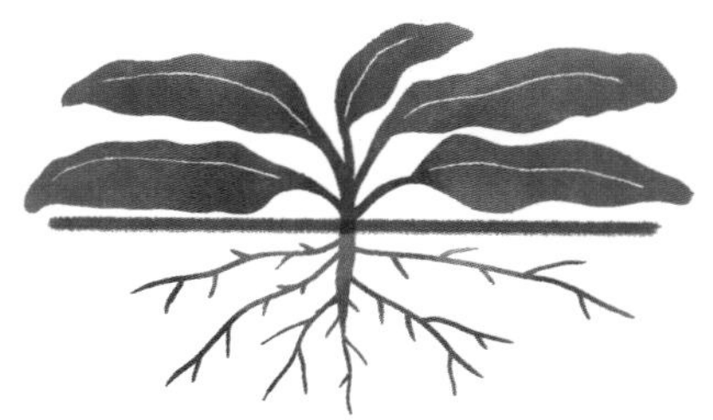

※ 実際には、雑草の大きさや生えている場所によって効率的な草取りの方法は変わります。

雑草の種類は数多いですが、根のタイプで見れば、おおまかに４つのタイプに分けられます。雑草の根がどのタイプかがわかれば、効率的な草取りの方法が見えてきます。

できれば、楽にきれいに取りたいもの。ここでは根の張り方から草取りの方法を考えます。

type 3

タイプ③

根から伸びた茎が横に広がり そこから根を下ろす雑草

「ランナー」と呼ばれる茎が、横へ横へと伸びていくタイプ。横に伸びた茎からつぎつぎ根を下ろすため、広範囲に繁茂する。このタイプは茎も根も軟らかいので、草削りやレーキでかき取るといい。ただ、早めに処理することが肝心。

type 4

タイプ④

地中で根や地下茎（ちかけい）が横に伸び そこから茎が上に伸びる雑草

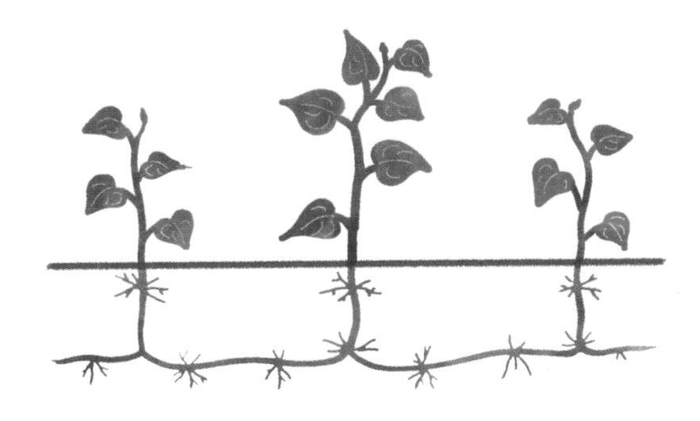

根や地下茎が地中で横に広がり、広がった根からまた茎を地上に伸ばすタイプ。草取りをしても別の場所から出てくる場合が多い。地中に茎や地下茎をなるべく残さないようにたどりながら、カマやハサミで断ち切るといい。

type 1 茎が真上に伸び 根は真下に長く伸びる雑草

◎カマを使って取る場合

ヒメジョオン（キク科／越年草）

美観を損なう雑草の代表といっていいのが、茎が真上に伸びた雑草です。

茎が真上に伸びるこのタイプは、根も真下に伸びている場合が多いので、カマで主根を断ち切るか、手で真上に引き抜くようにします。

ここでは、このタイプの代表的な雑草のヒメジョオンを例に、カマを使って根を断ち切る方法をみていきます。茎の真下に根が張っていることをイメージして、カマを入れるのがポイントです。

茎を片手でまとめる

茎が分かれている場合は、束ねて持つ。

カマを地中に入れる

茎を切るのではなく、その下に伸びている主根を断ち切るイメージで、地中深くにカマを入れる。

カマを持ち上げながら引き上げる

根を切ったら刃を上に返して持ち上げ、同時に手に持った茎も引き上げる。

◎手で引き抜く場合

丈が1mにもなる雑草の場合、カマよりも手で引き抜いたほうが作業効率はいいでしょう。茎を少し持ち上げてみて抜けそうなら、手で引き抜いてしまいます。

茎を両手で持つ

茎の下から3分の1から4分の1程度のところを両手で持つ。

腰を入れる

膝を曲げて上体を倒し、腰を入れる。

ワンポイント

茎を持つ位置が高すぎる

持つ位置が高いと真上に力を入れづらく、茎の途中で切れてしまうことがある。

根元を持って引き抜かない

根が張っている場合、根元を持って力を入れると上半身が前傾してしまい、かえって引きづらい場合がある。

真上に引き抜く

Step 2の状態から両手を真上に引き上げ引き抜く。

土をはらう

引き抜いた茎を持ったまま、土のついた根を石や地面など固いものに打ちつけ、土をはらう。

代表的な雑草

メヒシバ

●イネ科
●一年草

茎が細く根がしっかり張っているため、手で引き抜くには力が必要です。カマを使って根元を断ち切るのがいいでしょう。

茎や葉を束ねてカマを入れる

茎の斜め奥にカマを入れる。主根を切るイメージで地中深くに刃を入れる。

カマを引き上げる

Step 2

いったんカマを地中から抜く。

カマを反対側からも入れる

イネ科の植物は、根がたくさんに分かれて伸びているため、反対側（写真では上側）からもカマを入れることで、より引き抜きやすくなる。

茎を引き上げる

反対側からも根を切ったら刃を上に返して持ち上げ、同時に茎を引き上げる。

ワンポイント

抜けないときはカマを一周させる

根の張りがとても強く引き抜けそうにない場合は、地中に入れたカマをそのまままぐるりと一周させて根を断ち切るといい。

代表的な雑草

カラシナ

●アブラナ科
●越年草

アブラナ科植物も根が真下に伸びるタイプです。しっかりと根が張っているので、手で抜き取るよりもカマを使って根元を断ち切ります。

茎や葉を束ねてカマをさす

地面に近いところで茎や葉を束ねて持ち、茎の斜め奥からカマの刃を地中に入れる（★マーク）。

茎葉を倒しカマをさらに深く入れる

カマを入れやすくするために葉や茎を横に倒し、さらにカマを地中深くに入れていく。

カマを持ち上げながら茎を引く

根を切りながらカマを持ち上げ、同時に茎を引き抜く。

根についた土を落とす

根に土がたくさんついている場合は、熊手などで土を落とす。

このタイプのおもな雑草

（五十音順）

アキノノゲシ

（キク科／一年草または二年草）

春の生え始めには、地面から直接葉が広がるロゼット状に育ちます。夏になると太い茎が伸び始め、秋には大きいもので草丈が2m 近くにもなります。タンポポのような綿毛のついた種子で繁殖するので綿毛が出る前に取りましょう。

アブラナ

（アブラナ科／越年草）

河川敷などでよく見られ、春に黄色い花を咲かせます。アブラナ科のうち黄色い花を咲かせるものを「菜の花」と総称しますが、その代表格がアブラナです。放っておくと根がどんどん大きくなり手に負えなくなるので、早いうちに取り除くべきです。

アメリカセンダングサ

（キク科／一年草）

田畑のあぜや空き地などでよく見られる雑草で、オナモミとともに「ひっつき虫」の代表格です。1m を超える丈を持つものもありますが、根は深くありません。草取り自体は手で引き抜けるので大変ではありませんが、作業時に実がくっつくのが面倒です。

イヌガラシ

（アブラナ科／一年草または越年草）

アブラナによく似ていますが、それよりも小さな花を咲かせます。水路の近くや水田のあぜなど、やや湿った場所に生えることが多い草です。草丈は大きくなっても 50cm 程度と小ぶりなので、カマを使って根を断ち切って引き抜くといいでしょう。

type. 1

イヌタデ

（タデ科／一年草）

穂のような形をした桃色の花を咲かせる雑草。放っておくと 30cm ～ 50cm まで草丈が伸びることがあります。花を咲かして種子を落として繁殖します。種子を残さないためにも花が咲く前に処理しましょう。手で引き抜けます。

イヌビエ

（イネ科／一年草）

水田で見かける、イネとよく似た雑草です。水田に生えている場合は、水田に種子が落ちないようにするためにも、花が咲く前に手で抜き取ります。

イヌムギ

（イネ科／多年草）

先端がとがった楕円型の穂をつけ、草丈は 50cm ～ 1m です。下のほうの葉に白い毛が密生します。乾燥した草地を好み、道端などでもよく見られます。カマや草刈り機で刈り取るのが一般的です。

エノコログサ

（イネ科／一年草）

「ねこじゃらし」の俗称でも知られています。イネ科の雑草のなかでも、その穂の形が特徴的です。日当たりのよい土地であれば、庭や公園、道端などあらゆるところで見かけます。

➡ 詳しい取り方は 70 ページ

このタイプのおもな雑草

オオアレチノギク

（キク科／二年草）

夏頃には 1.5m ～2m の茎に毛をつけた細長い葉を多数つけます。秋になると花をつけ、綿毛のついた種子を飛ばします。発芽から開花するまで数か月かかるので、それまでにカマや草刈り機で刈り取っておけば繁殖を抑えることができます。

オニウシノケグサ

（イネ科／多年草）

穂が長細く、牧草であるイタリアンライグラスと見た目が似ています。地下茎（ちかけい）やランナーではなく、株分かれして増えます。大きくなる前ならクワなどでかき取れますが、難しい場合は、草刈り機で地上部を刈り取っておくだけでもいいでしょう。

オヒシバ

（イネ科／一年草）

メヒシバと見た目がよく似ていますが、穂はメヒシバより少し大きいのが特徴です。大きくなると抜きにくくなるので、小さいうちに処理しましょう。こまめに草刈り機やカマなどで刈って、花を咲かせないようにするのもいいでしょう。

カモガヤ

（イネ科／多年草）

道路脇などによく見られ、草丈が1m 以上になります。初夏に出る花粉症の症状は、この植物の花粉が原因のひとつです。種子による繁殖と根茎による繁殖で増えます。花が咲く前に草取りするのがベストです。

type. 1

カヤツリグサ

（カヤツリグサ科／一年草）

沖縄を除く全国でごく普通に見られます。草丈は 30cm 近くと大きくなく、先端に断面が三角形になる花をつけます。土が比較的軟らかい場所ではカマを入れて引き抜けますが、硬い場合は、草刈り機で地上部を刈り取ったほうがいいでしょう。

カラスムギ

（イネ科／越年草）

垂れ下がる穂の姿が特徴的な雑草。草丈は1mほどあります。日当たりがよく肥沃（ひよく）な場所を好み、畑や休耕地、河川敷などで、春から初夏にかけて見られます。種子が落ちる前に草取りを行うといいでしょう。

キショウブ

（アヤメ科／多年草）

観賞用の植物が多いアヤメ科のなかでも繁殖力が高いため、一般には雑草と見なされることが多いです。根は深くはありませんが、完全な除去は難しく、草刈り機で刈り取るほうがいいでしょう。

スイバ

（タデ科／多年草）

5 月頃になると花茎（かけい）を 50cm ～ 1m ほど伸ばして花を咲かせます。ギシギシと似ていますが、スイバのほうが小ぶりで、葉はギシギシのように波打っていません。大きいものは、草取り用のクワやシャベルで除去します。

このタイプのおもな雑草

ススキ
（イネ科／多年草）

日当たりのよい空き地や休耕地などで群生しやすく、大量繁殖すると手強い雑草です。冬になると地上部は枯れますが、根茎（こんけい）は残り、翌年そこから芽を出します。綿毛を持つ種子を風で飛ばし、繁殖します。

➡ 詳しい取り方は 75 ページ

スズメノテッポウ
（イネ科／越年草）

田畑のあぜや道端、空き地などあらゆるところで目にするイネ科の雑草です。イネ科の雑草の多くは夏から秋にかけて生長しますが、スズメノテッポウは、生長スピードが速いので春のうちに草取りをすべき雑草です。

➡ 詳しい取り方は 71 ページ

タネツケバナ
（アブラナ科／一年草または越年草）

水田でよく見られる雑草です。発芽してから花を咲かせるまでに要する時間が短く、種子で増えます。適応性も高く、やせた土地でも繁殖します。指でつまむと容易に抜けますが、土が硬いときはカマなどで断ち切ります。

チカラシバ
（イネ科／多年草）

赤茶色の長く大きな穂をつける雑草です。草丈は 50cm ～ 70cm ほどになります。硬い土にもよく生えるので、大きくなってしまったものはシャベルを使って根茎から取り除きます。草刈り機でこまめに地上部を刈り取っておくだけでもいいでしょう。

type. 1

ナガミヒナゲシ

（ケシ科／一年草または越年草）

赤茶色のポピーのような花を咲かせ、果実は縦長の形をしています。種子をたくさんつけるため繁殖力が高い雑草です。また、ほかの植物を生えにくくする作用（アレロパシー）を持っているので、見つけしだい、除草したほうがいいでしょう。

ナズナ

（アブラナ科／越年草）

「ぺんぺん草」の呼び名で知られる雑草。秋から春先にかけては茎が伸びず、地面に張りついて育ちます。この時期にカマで根元から取り除くのがベストです。花が咲いた頃は茎が硬くなっているので手で抜けます。

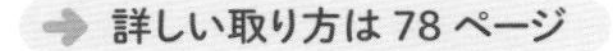
詳しい取り方は 78 ページ

ハルジオン

（キク科／多年草）

白い菊のような花を咲かせます。ヒメジョオンによく似ていますが、ハルジオンは多年草、ヒメジョオンは越年草という違いがあります。茎が伸びた後なら手で引き抜いてもいいですが、伸びる前のロゼット状態なら、カマを使って根元から切るほうが簡単です。

ホトケノザ

（シソ科／一年草または越年草）

早春にピンク色の花を咲かせる、草丈10cmの小さな雑草です。茎が軟らかいわりに、根はしっかりと張っているため、手で抜こうとすると茎の途中で切れてしまいがちです。カマなどで根から取り除きます。

type 2

茎は短く葉が放射状に広がり根は横に伸びる雑草

◎主根を狙ってカマを深く入れる

茎の丈が短く葉が放射状に広がっている雑草の根は、主根(しゅこん)から枝分かれして細い根が広がっています。茎が短いため、手で引き抜くのは面倒です。カマや草抜きフォークなどを使って処理するといいでしょう。

セイヨウタンポポ（キク科／多年草）

このタイプの代表的な雑草であるセイヨウタンポポを例にして、カマの使い方を見ていきます。ロゼットの中心から少し離れたところにカマを入れ、きるだけ深いところで主根を断ち切るようにします。浅いところでカマを引いてしまうと、根の大部分を残すことになり、そこから再び生長してしまう場合があります。

葉を起こし茎とともに束ねる

地面に近いところで広がっている葉と茎を束ねて持つ。綿毛がある場合は、種を散らさないように注意する。

カマを地中に入れる

ロゼットの中心から少し離れたところに、斜め奥からカマを入れる。

カマを地中で回す

このタイプの雑草の主根は太く、無理に引くと途中で切れてしまう。確実に主根を切るためにカマを回して根を切る。

ワンポイント

なるべく根を残さない

セイヨウタンポポのように主根の太い雑草の場合、すぐにカマを引き上げてしまうと、地中に根の大部分を残してしまう。残った根から再び生長してしまうので、できるだけ根を残さないようにカマを地中深くで回して根を切る。

茎を引き上げる

根が切れたら刃を上に返して、同時に茎と葉を引き上げる。引き上げるとき、思いのほか力が必要な場合は、まだ主根が切れていない可能性がある。もう一度カマを入れて、Step3 を繰り返す。引き抜いたら、土のついた根を石や地面など固いものに打ちつけ、土をはらう。

こんな方法も

綿毛や花弁だけはつんでおく

放置していると、綿毛から飛んだ種によって周囲へとどんどん広がってしまいます。草取りする余裕がない場合は、とりあえず花弁部分や綿毛だけはつんでおきましょう。さらに広がるのを防げます。

代表的な雑草

イヌノフグリ

●オオバコ科
●越年草

根を横にも伸ばすイヌノフグリのような雑草は、小ぶりで根が浅いので、カマより草抜きフォークのほうが便利です。

茎や葉を片手で束ねる

地上部に伸びている茎や葉を束ねる。

草抜きフォークを地中にさす

茎の生え際に草抜きフォークをさす。

草抜きフォークを引き上げる

草抜きフォークの先端が根まで達したら、てこの原理で引き上げる。根の張りが強い場合、草抜きフォークをいったん抜いて、反対方向から同じように草抜きフォークを地中にさして根をほぐすといい。

ワンポイント

草抜きフォークをさす角度

地中にさす角度は、雑草の根の張り具合によって異なる。張り具合が浅い場合は、地面に対して鋭角に、張り具合が深く手強そうな場合は、地面に対して垂直気味にさすといい。

代表的な雑草

スベリヒユ

●スベリヒユ科
●一年草

スベリヒユは軟らかい雑草です。手で抜こうとすると茎が途中で切れて、うまく取り除けません。草抜きフォークで根を掘り起こします。

草抜きフォークを茎の横にさす

垂直に近い角度で茎の横に草抜きフォークをさし込む。

下向きに力をかける

草抜きフォークの先に根がかかっていることを確認しながら、てこの原理で起こす。

根ごと上へ引き上げる

地中から根が離れたら、そのまま草抜きフォークと一緒に上に引き上げる。

取り除いたら放置しない

取り除いたらビニール袋に入れるなどして処分する。スベリヒユは乾燥に強いので、放置しておくとそこから根を下ろしてしまう。

このタイプのおもな雑草

（五十音順）

アカザ／シロザ

（ヒユ科／一年草）

若葉が赤色に生えるものがアカザ、緑色の葉がシロザです。アカザの表面は淡い紅色、シロザは白色の粉状の毛に被われるのが特徴です。乾燥した荒地でも繁殖する強い雑草で、草丈が1m 以上になると抜きにくいため、小ぶりなうちにカマなどで根元から断ち切りましょう。

写真はアカザ

オオキンケイギク

（キク科／多年草）

草丈は 80cm ほどになり、黄色の花を咲かせます。繁殖力が非常に高い雑草です。もともとは観賞用に輸入されたもので、栽培されていることもあります。繁殖力が強いこともあり、手こずる雑草のひとつです。

オオバコ

（オオバコ科／多年草）

山地、高地、平地とあらゆるところで見かける、ポピュラーな雑草のひとつ。田畑のあぜや公園、砂利など人が踏みつける場所でも生育します。カマで根を断ち切って取り除きます。

➔ 詳しい取り方は 67 ページ

オニタビラコ

（キク科／一年草または越年草）

5 月頃になると、毛の生えた茎を 10cm ～1m ほど伸ばし、小さな黄色い花を咲かせます。綿毛のついた種子を風で飛ばして繁殖します。適応力が高く、土地の条件に合わせて育ちます。早めにカマで根元から断ち切りましょう。

type. 2

オランダミミナグサ

（ナデシコ科／越年草）

見た目はハコベに似ていますが、茎葉（けいよう）が毛に覆われています。乾燥した場所では大きくなりませんが、花をつけ種をまき散らします。一方、日陰の湿った場所やほかの植物の近くでは、大きく育ちます。開花までに取り除きましょう。

カラスノエンドウ

（マメ科／越年草）

細く小さい葉と、ピンク色の花が特徴の雑草です。マメ科はやせ地に強く、道端や線路沿いでもよく見られます。ヘクソカズラやヤブガラシほどの繁殖力はありません。種子で増えるので、花がつく前に手で引き抜きましょう。

クサノオウ

（ケシ科／越年草）

葉や茎の切り口から出る黄色の液体に触るとかぶれるので、除草する際には注意がいる雑草です。野原や林などで見られます。草丈は40cm ～ 50cmほどで、黄色い花を咲かせます。草取りをするときは手袋をし、カマで根元から断ち切ります。

コナスビ

（サクラソウ科／多年草）

ナスに似た実をつけることから、この名がついています。はうように伸びる雑草で、直径数ミリの黄色い花を咲かせ、小さな丸い果実をつけます。日陰や湿った場所を好みます。あまり大きくならないので、手で引き抜いて除草できます。

このタイプのおもな雑草

コニシキソウ
（トウダイグサ科／一年草）

道端のアスファルトのすき間やプランターのなかなどに生える雑草です。茎が立ち上がるタイプのものと、地べたに張りつくように茎を伸ばすタイプがありますが、よく見かけるのは、地べたに張りつくほうです。

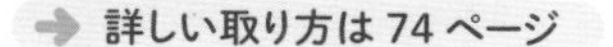
➡ 詳しい取り方は 74 ページ

スミレ
（スミレ科／多年草）

スミレと呼ばれる植物は、じつはたくさんの種類があります。ハート形や縦長の葉を持ち、種類によって紫色や白、黄色の花を咲かせます。繁殖力が高く、おもに種子で広がります。カマなどで根元から断ち切りしましょう。

ゼニゴケ
（ゼニゴケ科／多年草）

家の北側の日陰や道端の湿った場所でよく見られるコケのひとつです。日本庭園がそうであるように、一般的にコケ類は雑草扱いしないのですが、このゼニゴケだけは見栄えが悪いせいか、除去の対象になりがちです。

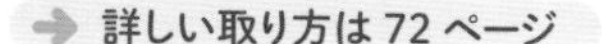
➡ 詳しい取り方は 72 ページ

チドメグサ
（セリ科／多年草）

地面をはうように伸び、葉は直径 1.5cm ほどの丸い形をしています。丈がないので目立ちませんが、芝生のなかに生えるやっかいな雑草です。かき取っても完全には除去できません。芝生から完全になくすためには、除草剤が必要になります。

type. 2

ツメクサ

（ナデシコ科／一年草または越年草）

地面をはうようにして育ち、小さい葉がつきます。ブロックやアスファルトのすき間などによく生えます。芝生以外の場所であれば生えていてもあまり気にならないかもしれません。手でも簡単に抜けます。

ネモフィラ

（ムラサキ科／一年草または越年草）

青い花の色や形などがイヌノフグリに似ていますが、ムラサキ科に属する別の雑草です。可憐（かれん）な花を咲かせるため、グラウンドカバー（地面を覆う植物）としても利用されます。ただ芝生などに生えてしまうことも多く、その場合はカマなどで取り除きましょう。

ノアザミ

（キク科／多年草）

葉の先端にトゲがあるのが特徴です。冬から春の間はロゼット状で育ち、５月には茎を伸ばして赤色の花を咲かせます。トゲがあるので手で抜くときは厚手の手袋が必須です。土が硬い場合は、花が咲く前に刈り取ればいいでしょう。

ノボロギク

（キク科／一年草）

シュンギクのような葉が特徴の雑草です。菊の花を中央部分だけにしたような形をした花が咲くと、すぐに綿毛のある種子をつくります。繁殖力が高い雑草なので、花が咲きはじめる前に除去したい雑草です。手で抜くことができます。

このタイプのおもな雑草

ハキダメギク

（キク科／一年草）

シソに似た形の葉を持ちますが、シソの香りはなく、茎の断面が丸いものがハキダメギクです。葉丈は10cm ～ 50cmあり、肥沃な土地を好みます。根は浅いので手でも楽に抜けます。土を掘り返したくない場合は、カマなどで断ち切ったほうがいいでしょう。

ハコベ

（ナデシコ科／越年草）

道端や田畑のあぜでよく見られる小ぶりの雑草。草丈は高くありませんが、ほかの植物を覆って繁殖するので注意が必要です。根元から抜いて完全に取り除くことは困難です。目立つ茎葉（けいよう）をこまめにつみ取るしかありません。

ハハコグサ

（キク科／越年草）

春に茎を伸ばし、菊の花の中央部分のような形をした黄色い花を咲かせます。白い毛に覆われた肉厚の葉が特徴の雑草です。花茎が伸びても簡単に手で抜くこともできますが、ロゼット状のうちに根元から取っておきましょう。

ヒメオドリコソウ

（シソ科／越年草）

春頃にどこでも見られる、ホトケノザに似た雑草です。10cmほどの真っ直ぐ立った茎に、たくさん毛が生えたハート形の葉を持っています。手で引き抜けるので、除去は簡単です。

type. 2

ブタナ

（キク科／越年草）

道路脇や庭先などで見かけます。5月頃、茎を伸ばしセイヨウタンポポに似た黄色い花を咲かせます。繁殖力が高く、生命力も強い雑草です。手でも抜き取れますが、太い根が残ってしまうと何度も生えてくるので、カマなどで根元から断ち切りましょう。

ムラサキサギゴケ

（ハエドクソウ科／多年草）

2cm ～ 4cm のロゼット状で、薄紫色の花を咲かせます。葉は大型で茎を横に伸ばします。あまり大きくならず抜かなくても気にならないかもしれません。取る場合はカマで根元から断ち切るといいでしょう。

ヤエムグラ

（アカネ科／一年草または越年草）

茎は細く、輪状に葉をつけます。果実に小さなトゲがある、「ひっつき虫」のひとつです。葉がついている部分が節になっているので、手で引っ張ると途中で切れてしまいます。根元からきれいに取り除くのは難しく、果実ができる前に地上部を刈り取るといいでしょう。

ワスレナグサ

（ムラサキ科／多年草）

園芸用として栽培されているものもありますが、自然に生えているものは、淡い青色の小さな花をつけます。草丈は 20cm ほどで横に広がっていますが、草丈のわりには根が張らないので、手でも取り除けます。

type 3 根から伸びた茎が横に広がり そこから根を下ろす雑草

◎このタイプはかき取るのが基本

畑一面にシロツメクサ（クローバー）の白い花が咲いている風景を見たことがあるでしょう。環境によっては、広大な範囲に群生する雑草です。

これは、茎が真上に伸びるのではなく、横へ横へと伸ばす特徴があるからです（ランナー）。このタイプの雑草を放置すると、横に伸びた茎からつぎつぎと根を下ろし、さらに広がっていきます。気づいたら早めに草取りをするのがポイントです。

シロツメクサ（マメ科／多年草）

ただ、草取り自体は難しくありません。サイズは小ぶりなものが多く、茎も根も軟らかいので、まずはレーキや草削りでかき取るのがいいでしょう。

レーキや草削りでかき切る

地面を削るようにしてシロツメクサをかいて集める。

残った茎や根はカマやハサミで切る

レーキや草削りではかき切れなかった茎や根をカマや園芸用ハサミで切っていく。

◎カマを使って取る

シロツメクサは雑草が生育しづらいやせた土地でもよく育ち、また丈が低いぶん、花が咲かなければ気づかないうちに広がっていきます。また、むしり取ろうとすると、茎が途中で切れて根が残るため、その意味でも面倒な雑草です。芝生以外の場所なら、カマを使いこなして根元から断ち切ります（芝生での取り方は 106 ページ参照）。

草削りで地面を出す

手の届く範囲で草削りを手元に引き入れるようにしてかいて、地面を露出させる。

根の場所を見つける

根を下ろしている茎と根を下ろしていない茎があるので、周囲の茎や葉を持ち上げ、根を下ろしている茎を露出させる。

根の部分の手前にカマを入れる

カマを入れる角度は地面に対して鈍角に。鋭角にカマを入れると、軟らかいシロツメクサの根があっさりと切れてしまい、根が残る。

カマを起こして根を取る

刃を上に返して持ち上げながら、手で根を引き上げる。

ワンポイント

力を加減して引き上げる

シロツメクサは茎も根も軟らかいので、力任せに引き上げると途中で切れて、かえって作業の手数が増えてしまう。土から引きはがすイメージで、ゆっくり加減して引き上げる。

別の根が残っていたら一緒に取る

ランナーを持つ雑草は、1か所から根を下ろしているとは限らない。根を引きはがしたとき、近くに別の根が残っていたら、その根も一緒に取る。

このタイプのおもな雑草

（五十音順）

アカツメクサ

（マメ科／多年草）

一般的には「ムラサキツメクサ」と呼ばれることも多いアカツメクサは、シロツメクサを大きくし、花の色を赤くしたような草です。シロツメクサとアカツメクサは交雑するので、しばしば隣り合わせで群生していることがあります。

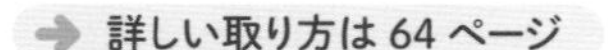

詳しい取り方は 64 ページ

アケビ

（アケビ科／つる性木本植物）

アケビは、その実を果実として食べるので、雑草というイメージはないかもしれません。しかしつるがフェンスなどの人工物や、ほかの樹木などに巻き付きます。つるを地面近くまでたどっていき、根も一緒に取り除いてください。

アレチウリ

（ウリ科／一年草）

河川敷や空き地など日当たりのよい場所に、圧倒的な勢いで繁茂するつる性植物です。戦後、日本に侵入した特定外来生物で、生態系を脅かす存在として知られています。

詳しい取り方は 68 ページ

オオブタクサ（クワモドキ）

（キク科／一年草）

葉の形がクワに似ているところから、クワモドキとも呼ばれます。高さ3m と樹木のような大きさになることもあります。河原や土手などに群生する姿をあちこちで見かけます。地下茎を持っているので、除草剤が効果的です。

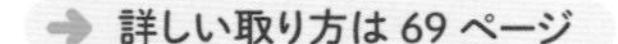

詳しい取り方は 69 ページ

type. 3

ガガイモ
（キョウチクトウ科／多年草）

沖縄を除く全国で見られるつる性植物。長くて細い地下茎が特徴的で、そこからつぎつぎと茎を出します。茎を切ると乳白色の液体が出ます。地下茎を根こそぎ取るのは現実的ではないので、つるをたどって地表に近いところで茎を切りましょう。

カキドオシ
（シソ科／多年草）

丈は5cmから大きくても30cm程度の、横につる状に伸びる雑草です。そのつるで垣根を通り抜けてしまうことから、「垣通し」という名がついたと言われています。庭先や道端など人の目に触れるあらゆる場所で生長します。

➡ 詳しい取り方は 66 ページ

カタバミ
（カタバミ科／多年草）

シロツメクサと似ていますが、葉の形が丸いシロツメクサに対し、カタバミの葉はハート型が3枚合わさっているところが異なり、また黄色い花を咲かせます。ランナーで地表に広がる勢いが強いので草取りに苦労します。

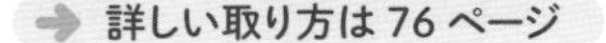

➡ 詳しい取り方は 76 ページ

カナムグラ
（アサ科／一年草）

つる性の雑草で、荒れた庭などでフェンスによくからんでいます。葉は先端が5つに分かれており、手のような形をしています。秋の花粉症の原因のひとつです。茎にトゲがあるので、草取りは容易ではありません。つるをこまめに切って花を咲かせないようにしましょう。

このタイプのおもな雑草

ジシバリ
（キク科／多年草）

ニガナと似ていますが、ジシバリは水田のあぜなどでよく見られます。茎が地面についたところから根を張るので、除草が大変な雑草のひとつです。広がってしまう前に、カマで取り除きましょう。

スイカズラ
（スイカズラ科／つる性木本植物）

よい香りがする白い花を咲かせます。観賞用としても人気ですが、放置すると周りの樹木やフェンスを覆うほどにつるが生長します。種子をつけるとあちこちに広がるので、花が咲いたら切り取ってしまったほうがいいでしょう。

ニガナ
（キク科／多年草）

道端などでよく見られる雑草です。茎が細く、黄色い花が咲きます。ジシバリと似ていますが、茎が立つので取り除くのは容易です。増えすぎる前にカマなどで土ごとかき取りましょう。

ノイバラ
（バラ科／木本植物）

白い花を房状につけるバラの原種です。秋になると小さな赤い果実をつけ種子で繁殖します。茎が生長して木化する木本（もくほん）植物ですが、大きくなりません。茎が細くやぶ状に育ちます。トゲが多いので、園芸用ハサミで根元の茎を切るようにします。

type. 3

ヘクソカズラ

（アカネ科／つる性木本植物）

つるに触ったり、切ったりすると強烈な臭いを発します。夏に赤茶色と白色の花をつけ、秋には薄茶色の小さな実がなります。根元からの除去が望ましいですが、根元が見つからない場合、茎を園芸用ハサミで切って花を咲かせないようにします。

ヘビイチゴ

（バラ科／多年草）

森林や公園、道端などでも見かけることの多いヘビイチゴ。黄色い花と真っ赤な実が印象的な雑草です。日陰でも育ち、踏みつけられても強いので、気がつけば庭一面を覆うほどに繁殖していることがあります。

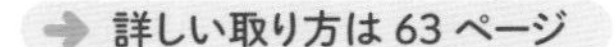
詳しい取り方は 63 ページ

ボタンヅル／センニンソウ

（キンポウゲ科／つる性木本植物）

どちらもよく似ていますが、ボタンヅルは葉に切れ込みがある小葉（しょうよう）がつき、センニンソウの葉には切れ込みがありません。春になる前に根元をカマなどで断ち切りましょう。毒性があるので、素手で触らないよう気をつけてください。

写真はボタンヅル

ミヤコグサ

（マメ科／多年草）

日当たりのよい乾いた場所を好み、道端や海岸などでよく見られます。春から秋にかけて、葉の脇から伸びた先に、黄色の花を１輪～３輪咲かせます。開花時期が長く見つけやすいので、見かけたらこまめに草取りをしましょう。

type 4 地中で根や地下茎が横に伸び そこから茎が上に伸びる雑草

◎カマを使って根を断ち切る

「外来種の王様」とも称されるセイタカアワダチソウは2m以上にもなることがあり、そのサイズと旺盛（おうせい）な繁殖力に悩まされる雑草のひとつです。春から夏にかけて、できるだけ小さなうちに草取りを始めるのがいいでしょう。

セイタカアワダチソウに代表されるこのタイプは、土のなかで地下茎（ちかけい）が横に広がり、その広がった根から茎が地上に顔を出す特徴があります。草取りでは、茎を刈るのではなく、根の深いところを断ち切るようにします。

セイタカアワダチソウ（キク科／多年草）

それでも残った根が別の場所へと伸びて、そこから新たな茎が顔を出すことが多く、草取りだけで完全に処理するのは難しいタイプです。

茎を持ってカマを入れる

伸びている茎や葉を持ったら、茎の斜め奥からカマを入れる。このとき、茎を切るのではなく、主根を切るイメージで、できるだけ地中深くに刃を入れる。

カマを引きながら茎を持ち上げる

刃を上に返して持ち上げ、茎を引き上げる。引き抜いたら、石や地面などに打ちつけ根の土をはらう。

代表的な雑草

ギシギシ

●タデ科
●多年草

サイズが大きく群生している場合、カマや手で引き抜く草取りは限界があります。シャベルなどで根を掘り起こす方法に切り替えましょう。

茎の周囲にシャベルを入れる

シャベルで茎の周囲の土ごと掘り起こすイメージで。

ワンポイント

シャベルは立てて深く入れる

シャベルを入れる際は、シャベルの先を直立させるようにして地面に入れる。茎に近すぎたり、先が斜めに入ったりすると、根を途中で切ってしまうことになる。体重をかけて、シャベルの先ができるだけ深く入るようにする。

シャベルを起こして地下茎ごと取る

周囲を掘り起こしたら、てこの原理でシャベルを起こし地下茎ごと取る。

茎や地下茎が残ったらカマで切る

どうしても小さな茎や地下茎が残りやすいので、残ってしまった部分はカマで切る。

代表的な雑草

ヤブガラシ

- ブドウ科
- 多年草

地中では地下茎を伸ばし、地上ではつるを周囲にからめる雑草です。茎をたぐって根元で断ち切ったら、からまったつるを引き落とします。

つるが地表から出ているところを探す

つるの下のほうをたどっていき、地下茎と接するところ、つまり地表から茎が顔を出しているところを見つける。

茎をカマや園芸用ハサミで切る

できるだけ地表に近いところで茎を切る。茎が地面から出ているところは、1か所ではなく複数あることのほうが多いので、茎を切る作業を繰り返す。

つるを取り除く

からまったつるを引っ張ったり園芸用ハサミで切ったりして取り除く。

こんな方法も

根こそぎ除去するなら除草剤を検討する

地下で地下茎が広がるような植物では、草取りだけで取り除くことは困難です。除去したい場合は、葉から除草剤を浸透させる方法を検討するといいでしょう（132 ページ）。

このタイプのおもな雑草

（五十音順）

オオハンゴンソウ

（キク科／多年草）

草丈が2mにもなる大型の雑草で、根茎と種子で繁殖します。園芸種ではルドベキアとして知られています。花を咲かせないようすればしだいに数は減ります。根茎から取り除くか、カマや草刈り機で刈り取りましょう。

カラスビシャク

（サトイモ科／多年草）

地面から出た1本の長い葉が、周囲の地中に球根をつくります。繁殖力が強く、簡単に引き抜くことができますが、地中に球根が残ってしまうと除去は意外と面倒です。球根を掘り起こしながら抜きましょう。

キツネノボタン

（キンポウゲ科／多年草）

山野の湿地、田畑のあぜなど、湿っぽい場所で見られます。春から秋にかけて黄色い5弁の花を咲かせます。食用として使われるヨモギ、ミツバと似ているため見誤りやすいですが、茎や葉、花などに毒を持つので注意が必要です。

クズ

（マメ科／多年草）

秋の七草のひとつとして、また食材や漢方薬の材料として昔から知られるつる性植物です。早いスピードで生育するため繁殖力が高く、また除草剤への抵抗も強いので、見つけたら小さいうちに対処しましょう。

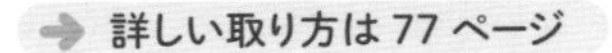
詳しい取り方は77ページ

このタイプのおもな雑草

ササ

（イネ科／多年草）

野山でよく見られますが、庭や空き地にも生えます。根茎（こんけい）を張って繁殖します。ササは茎葉（けいよう）と根茎が硬いので手では引き抜けません。草刈り機で地上部をこまめに刈り取り、光合成させないことで消耗させる方法が現実的でしょう。

スギナ

（トクサ科／多年草）

空き地や道端、家の庭などあらゆるところで見かけるスギナは、胞子茎（ほうしけい）であるツクシが芽を出す春先以降に爆発的な勢いで繁殖します。完全な除去が難しい雑草の代表例と言えるでしょう。

➡ 詳しい取り方は 61 ページ

チヂミザサ

（イネ科／多年草）

その名のとおり、ササの葉が縮んだような形状をしているチヂミザサは、森林や雑木林などのやや日陰に生えることの多い雑草です。その実はいわゆる「ひっつき虫」で、嫌がられる雑草のひとつです。

➡ 詳しい取り方は 65 ページ

ドクダミ

（ドクダミ科／一年草または多年草）

半日陰や多湿の場所でよく見られる、ハート型の葉っぱを持つ雑草です。家の周りでは、デッキ下や北側の勝手口などで見かけます。独特の匂いがありますが、名前のように毒はなく、むしろ薬草として昔から利用されてきました。

➡ 詳しい取り方は 73 ページ

type. 4

ヒルガオ

（ヒルガオ科／多年草）

アサガオより全体的にひと回り小さく、薄桃色の花を咲かせます。冬になると地上部は枯れますが、地下茎が残ります。地下茎で増えるため、一度広がると完全な除去は難しくなります。つるを園芸用ハサミなどで切って消耗させましょう。

フキ

（キク科／多年草）

円形の葉を水平に広げ、タンポポのような綿毛がついた種子をつける雑草です。食用としての側面もありますが、雑草化しているものも多く見かけます。地下茎でも繁殖するため、こまめに地上部を刈り取って消耗させるといいでしょう。

ヨモギ

（キク科／多年草）

よもぎ餅やお灸に使うもぐさの原料、さらに薬草としても使われるヨモギは、道端や空き地などでよく見かけるポピュラーな雑草のひとつです。繁殖力が高く丈夫なため、根茎を土ごと取り除くのがいいでしょう。

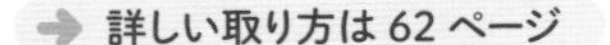
詳しい取り方は 62 ページ

ワルナスビ

（ナス科／多年草）

紫色の花を持ち、茎葉のトゲには有毒物質があります。根からも繁殖するため、根を深く張ってしまうと手に追えなくなります。地中の根から出てくる芽をこまめに除去して消耗させるしかありません。除草作業をするときは厚手の手袋をしましょう。

やっかいな雑草18種を取る

草取りをしていると、悩まされる雑草があることに気付かされます。生長が早くあっという間に広がる雑草、いくら取っても生えてくる頑固な雑草、せっかくの植栽を傷めてしまうつる性の雑草、根が張って草取りが面倒な雑草……。
もちろん、草取りをする人や生える場所によって悩まされる度合や種類は違いますが、ここでは多くの人をこまらせている「やっかいな雑草」に焦点を当て、その草取り方法を紹介します。

スギナ

（トクサ科／多年草）

空き地や道端、家や道路の側溝などあらゆるところで見かけるスギナは、ツクシが地表に顔を出す春先以降に爆発的な勢いで繁殖します。

ここがやっかい

芝生の庭や花壇の花、砂利のすき間や電柱の脇など、草取りしづらい場所に生えがちです。地下茎（ちかけい）で横に繁殖していくため、根こそぎの除去が難しい雑草です。

【草取りのポイント】

目につくスギナを物理的に取る場合、広範囲ならばスコップや熊手を使って、狭い範囲ならばカマを使うといいでしょう。ただ、スギナの地下茎を手作業で完全に除去するのは困難です。その場合は、石灰をまいたり除草剤を用いたりします。

◎広範囲な草取り

園芸用スコップで取り除く

園芸用スコップをできるだけ地中深くに入れ、根から掘り起こし、ひとまとめにして取る。

熊手で地下茎をかく

地表近くに出ているスギナの地下茎は、熊手でよくかいて細かく切る。

◎狭い範囲の草取り

カマで根を切り取る

目につくスギナが狭い範囲ならば、カマを使って根を中心に切り取る。

こんな方法も

石灰をまく

スギナは酸性土壌を好むので、アルカリ性の石灰をまいて土を中和することで繁殖を抑えられます（136ページ参照）。

ヨモギ

（キク科／多年草）

よもぎ餅やお灸に使うもぐさの原料になるヨモギは、道端や空き地などでよく見かける、もっともポピュラーな雑草のひとつです。

ここがやっかい

ヨモギは、縦横に広がる地下茎と種子によって繁殖します。根からは、ほかの雑草の種子の発芽を抑える物質を分泌することで、群生しやすくなります。

【草取りのポイント】

草丈が 30cm から 1m ほどになるため、茎をつかんで引き抜くのがもっとも簡単です。持つ位置が浅すぎる（高すぎる）と途中で茎が切れてしまい、逆に深すぎる（低すぎる）と腰に負担がかかるので注意します。

両手で茎と葉を束ねる

ヨモギの茎と葉を手でまとめる。

腰を入れる

腰を入れ、力を入れる方向は真上に。

ゆっくり引き抜く

根が途中で切れないように加減しながらゆっくり力を入れ、根を引き抜く。

こんな方法も

土を掘り起こす

群生している場所が空き地などであれば、畑でするように土を掘り起こし、地下茎を切ることで繁茂が抑えられます。

ヘビイチゴ

（バラ科／多年草）

赤い実が印象的で、あぜ道や公園、庭先でもよく見かけます。日当たりが悪い場所でも育つ、身近な雑草のひとつです。

ここがやっかい

庭を覆うグラウンドカバーに利用されますが、裏を返せば、それだけ繁殖力が旺盛（おうせい）で広範囲に広がりやすい雑草と言えます。また、背丈が低いため、気付かないうちに繁茂しがちです。

【草取りのポイント】

ヘビイチゴは、ランナーで横に広がるため群生している場合がほとんどです。草削りを使ってかき出し、最後に残った根の部分はカマで切り取ります。

片手で草削りを引く

草削りを手前のほうへ引く。このとき力を入れすぎずに、地面を引っかくようなイメージで。

茎や根を引き切る

地上に露わになった根や茎を引き切る。このときも力を抜き気味にゆっくり行う。

カマを使って仕上げる

地中の根とつながっている茎を探す。この茎を放置していると、また繁茂してしまうので、地表に顔を出している茎はカマで引き切る。

こんな方法も

草刈り機を使う

あまりに広範囲な場合は、手作業による草取りは負担です。まずは草刈り機で地表部をカットするだけでもいいでしょう。

アカツメクサ

（マメ科／多年草）

ムラサキツメクサとも呼ばれます。アカキツメクサはシロツメクサよりも草丈が大きく、紫の花をつけるのが特徴です。

ここが
やっかい

同じマメ科のシロツメクサと同様、タンパク質に富み丈夫な雑草です。加えて、シロツメクサよりも大きいので、草取りをするのはやっかいです。

【草取りのポイント】

草削りでこそげ取ってもいいですが、一帯に広がっている場合が多いので、繁茂している中心にカマを入れ、根ごと切っていくほうが効率的です。あまりに広範囲に及ぶ場合は、草刈り機で一掃するのも手です。ただ、雨の降った直後は茎が柔らかくなり、刈りづらくなります。

weeding guide

茎と葉を束ねる

あまり上部を持つとカマを入れる前に切れてしまうので、地表に近い茎を持つ。軽く持ち上げながら根元を探す。

カマを入れて根を切る

根は深くないので、カマを入れる際は縦に深くは入れず、横に切るイメージで。

茎ごと引き上げる

根を切ると同時に、茎も上に引き上げる。

チヂミザサ

（イネ科／多年草）

その名のとおり、ササの葉が縮んだような形状をしています。雑木林や日の当たらないところに生えることの多い雑草です。

ここがやっかい

湿気の多いところや樹木に覆われてやや日陰になりやすいところで、広範囲に繁茂します。チヂミザサの実は、いわゆる「ひっつき虫」として嫌われる存在です。

【草取りのポイント】

落ち葉が重なっているような、ゆるい土壌に生えることが多いため、カマなどを入れても手応えがあまりない場合があります。まずは根を探り出し、その部分にカマを入れます。

横に伸びた茎を引き出す

茎をいきなり切ろうとせず、横に引っ張り出す。からまった茎はとりまとめる。

根の位置を探り当てる

茎を引っ張りながらたどっていくと、地中に伸びた根の位置が見つけられる。

根の位置にカマを入れる

地面と水平に近い角度でカマを入れる。チヂミザサの根は垂直ではなく水平方向に伸びるので、できるだけカマは寝かせたほうが根を切りやすい。

カキドオシ

（シソ科／多年草）

丈は低く横につる状に伸びる雑草です。生命力が強く、庭先や道端など、あらゆる場所で生長します。

ここがやっかい

地面をはうように伸び、長いものは1m 以上にもなるほど生長します。日当たり具合にあまり左右されず、どんな場所でも育つため、手ごわい雑草のひとつです。

【草取りのポイント】

横にどんどん広がって群生します。そのため、カマでひとつひとつを断ち切ろうとするのは効率がよくありません。手で全体をかき集めて、最後に根の部分をカマで切るようにします。

つるをたぐりよせてはぎ取る

つるをかき集めて、茎や葉も一緒に引きちぎる。途中で切れてもいい。

地面が露出したら根の場所を探す

はぎ取ると地面が露出するので、根を探す。

カマで根を切る

カマで根を切って、ランナーと切り離す。

こんな方法も

おがくずなどで地面を覆う

花が咲く前であれば、生えやすい場所におがくず、わら、マルチ（黒いビニール）などを覆うことで、種子の発芽を防げます。

オオバコ

（オオバコ科／多年草）

人が踏み入るあぜ道、公園、庭ばかりでなく、アスファルトの道路でも見かけるもっともポピュラーな雑草のひとつです。

ここがやっかい

砂利やコンクリートのすき間まで、あらゆるところに生えます。地下茎で生長して地表に顔を出すため、完全な除去が難しい雑草です。

【草取りのポイント】

セイヨウタンポポと同様、葉は茎から放射状に広がります。またロゼット状の根を持っているため、カマを使って根ごと引き抜くのがもっとも適しています。

◎カマを使う場合

葉を起こし茎と一緒に持つ

葉は地面に近いところで寝た状態で広がっているので、まず葉を起こし、茎と葉を束ねる。

カマを入れる

横からカマを入れる。このとき、できるだけカマを立てて入れる。

根を切り、茎と切り離す

根はセイヨウタンポポほど深くないので、力を入れなくてもカマで切れる。

◎カマが使えない場合

草抜きフォークで根を起こす

芝生の庭など周りを傷つけたくない、またカマを入れづらいときは、草抜きフォークを使って根を掘り起こしてもいい。

アレチウリ

（ウリ科／一年草）

河川敷など日当たりのよい場所に群生するつる性植物です。高い繁殖力で生態系を脅かす存在として知られています。

ここがやっかい

生長スピードが非常に速く、草丈はときに十数ｍに及びます。つるが巻きつくことで、周囲の樹木を枯らしてしまうことがあります。

【草取りのポイント】

アレチウリの草取りは、その生長スピードとの勝負です。できるだけ小さいうちに、また実をつける前に除去しましょう。地表部を刈っただけではつるが再び伸びてきますので、つるの根元をたどって引き抜きます。

つるの根元をたどっていく

アレチウリのつるを見つけたら、下へ下へと根元をたどる。

巻きついているつるを引き切る

たどっていく途中、つるが樹木や草木に巻きついていたらつるを引き切る。引き切れない場合は、園芸用ハサミで切っても構わない。

根元を確認し、引き抜く

根元を見つけて引き抜く。根はさほど張っていないので、力を入れなくても抜ける。

こんな方法も

行政に連絡する

特定外来種に指定されているので、手に負えないほど繁茂している場合は行政が除去の支援をしてくれるところもあります。

オオブタクサ（クワモドキ）

（キク科／一年草）

河原や土手などに群生する光景をあちこちで見かけます。高さ3mと、樹木のような大きさになることもあります。

ここがやっかい

生長スピードが速く、また群生するため、いったん繁茂すると除去することが難しくなります。また、オオブタクサの花粉は秋の花粉症の原因のひとつで、これも嫌われる理由です。

【草取りのポイント】

生長が進むと樹木のようになり、手に負えなくなるので、とにかく小さいうちに除去することがポイントです。小さいうちであれば、手で草取りができます。なお、開花時期は秋頃なので、花粉が飛び散る前の葉が生えてきた夏頃に抜き取るのがいいでしょう。花粉症対策にもなります。

両手で茎を持つ

草丈がある場合は腰を入れ、また草丈が低い場合はその場に座り、茎のできるだけ地面に近いところを持つ。

根を引き抜く

そのまま上向きに力を入れると、比較的容易に根を取ることができる。

エノコログサ

（イネ科／一年草）

イネ科の雑草のなかでも、その穂の形から「ねこじゃらし」の名で知られています。日当たりのよい土地であれば、どこでも繁茂します。

ここがやっかい

公園や道端はもちろん、花壇の脇などの狭いところ、あぜののり面など、草取りしづらい場所にも生えます。その旺盛な繁殖力で、アスファルトを突き破って生えることもあります。

【草取りのポイント】

カマなど道具を使わず手で引き抜けます。ただ、どこにでも生えるので、場所によっては足場が安定しない場所での作業になります。腰を痛めないよう注意が必要です。

茎と葉を束ねる

その場に腰を下ろし茎と葉を束ねる。

両手で茎と葉を持つ

茎の地面に近いところを両手で持つ。

根を引き抜く

なるべく上向きに力を入れると引き抜きやすい。

スズメノテッポウ

（イネ科／越年草）

田畑のあぜや道端、空き地などあらゆるところで目にするイネ科の雑草です。なお、イネ科の雑草の多くは夏から秋にかけて生長します。

ここがやっかい

草取り自体は面倒ではありません。しかし、あらゆるところに広範囲に生え、またしっかり取り除かないと翌年も生い茂るので、確実に草取りをしたほうがいい雑草です。

【草取りのポイント】

手で草取りができますが、根がしっかりと張っていることが多く、力が必要です。欲張ってたくさんの茎を一度に取ろうとしないことです。腰に負担がかからないように小分けにして引き抜きましょう。

茎と葉を束ねる

茎と葉をまとめて持つ。

両手で茎と葉を持つ

なるべく茎の根元を両手で持つ。

引き抜いたら土をはらう

引き抜いたら根に付いた土をはらう。

ゼニゴケ

（ゼニゴケ科／多年草）

家の北側の日陰や湿った場所でよく見られます。見栄えが悪く、除去したいコケのひとつです。

ここがやっかい

人家の日陰で普通に繁茂します。一般的な植物のような根はありませんが、裏側から根に似た仮根（かこん）を出して地面に張りつくので、放置していると一気に広がります。

【草取りのポイント】

狭い範囲であれば、草削りで土ごとかき取ります。より広範囲であれば、4章で紹介するように、長柄（ながえ）三角ホーを使うといいでしょう。

草削りを軽く当てる

ゼニゴケの端に草削りを当てて、ゆっくり引く。

力を抜いて手元に引く

力を入れると余分な土まで削いでしまうので、地表部分をはぎ取るイメージで。

削れた部分は平らに

削れてくぼんだところは、周囲の土を集めて、草削りの背でならす。

こんな方法も

除草剤を使う場合

除草剤を使って処理する場合、一般的な除草剤では除去できません。ゼニゴケ専用の除草剤を使う必要があります。

ドクダミ

（ドクダミ科／一年草または多年草）

独特のにおいを放つ、ハート型の葉を持つ雑草です。半日陰や多湿の場所でよく見られます。

ここがやっかい

深くはった根茎（こんけい）で繁殖し、一度広がってしまうと取り除くことが難しくなります。家の周りではデッキ下など草取りしづらいところで生長しやすく、面倒な雑草です。

【草取りのポイント】

完全に取り除くことは困難ですが、シャベルで表層に近いドクダミを取り除き、残っている根は、熊手を使ってできるだけかき出します。

シャベルを深く入れる

深く掘るイメージでシャベルを立てて入れる。

円形にシャベルを入れていく

ドクダミの中心から半径 15cm 程度の円形にシャベルを入れて掘り起こす。

円形に掘った部分を取り除く

円形のなかのドクダミを、シャベルで土ごと取り除く。

熊手で根をかき出す

地表に露出した根を熊手でかき出して、できる限り取り除く。

コニシキソウ

（トウダイグサ科／一年草）

アスファルトのすき間やプランターのなかで、張りつくようにして茎を伸ばしている姿をよく見かけます。

ここが やっかい

春先から晩秋までだらだらと発生し続けるため、やっかいな存在です。また、コニシキソウの花を目当てにアリが集まるので、嫌がられます。

【草取りのポイント】

地面に張りついているため、草刈り機で一気に除去することができず、草取りは手作業になります。刈り取ったコニシキソウを放置すると、そこから根が付いて生長を始めるので注意しましょう。

草削りを軽く当てる

コニシキソウが生えているところから始める。

草削りを加減しながら引く

力を入れすぎると茎が切れて根が残るので、ゆっくり加減して引く。

草削りを上に上げる

手前まで引いた草削りを真上にゆっくり上げれば根が取れる。

引き抜いたコニシキソウは回収する

アリを呼び寄せるので放置しておかない。ビニール袋に入れるなどして回収する。

ススキ

（イネ科／多年草）

日本の秋の風物詩としてなじみがありますが、日当たりのよい空き地や休耕地などに群生する雑草です。

ここがやっかい

ススキは生長すると手では引き抜けず、また茎が硬いためカマで刈り取ることも面倒な雑草です。できるだけ小さいうちに取り除いておきましょう。

【草取りのポイント】

放置すると茎葉（けいよう）が固くなり手に負えなくなるので、シャベルを使って早めに根元から取りましょう。大きくなりすぎてしまったものは、除草剤を使うしかありません。

シャベルを深く入れる

深く掘るイメージでシャベルを立てて入れる。

円形にシャベルを入れていく

ススキを中心に円を描いて掘る。

円形に掘った部分を取り除く

円形のなかのススキを土ごとまとめて取り除く。

カタバミ

（カタバミ科／多年草）

シロツメクサとよく間違われますが、科も異なるまったく別種の植物です。繁殖力が旺盛(おうせい)で地下には球根があるため、手のかかる雑草です。

ここがやっかい

ランナーで伸びる雑草のなかでは生長が速く、横にどんどん広がります。また意外と根が深く取りづらいのも面倒です。また、芝生に生えやすい雑草である点もこまりものです。

【草取りのポイント】

葉や茎を取るだけで見た目はきれいになりますが、地中に根が残っていると、そこからまた増えてきます。しっかりと根まで取る除くことが大事です。

ねじりカマで手前に引き寄せる

カタバミの生え際からねじりカマを手前に引く。

四方からねじりカマで引き集める

ねじりカマで集めるとランナーが切れて自然とまとまる。

手で引き抜く

まとまったカタバミを手で引き抜く。

カマで根を引き切る

地中に残った根はカマで引き切って取り除く。

クズ

（マメ科／多年草）

秋の七草のひとつとして、また漢方薬の材料として昔から知られるつる性の植物です。根茎（こんけい）と種子で速いスピードで生育する雑草です。

ここがやっかい

つる性植物のため、放置しておくと樹木に巻きついて枯れる原因になります。クズは草丈が大きいうえに繁殖力が強く、庭や敷地の手入れをする人にとってはやっかいです。

【草取りのポイント】

クズを取り除くには、なにより根を探し出すことが重要になります。草取りそのものよりも、長いつるをたどって根元を見つけるまでが勝負です。

つるをたどって根を探る

クズのつるをたどって、根のある場所を見つけ出す。

円形にシャベルを入れていく

根元を中心に、シャベルで円を描いて掘り上げる。

円形に掘った部分を取り除く

円形のなかのクズを土ごとまとめて取り除く。

ナズナ

（アブラナ科／越年草）

春の七草のひとつとして知られているナズナは、「ぺんぺん草」としても知られるポピュラーな雑草です。田畑や道端などで目にします。

ここがやっかい

種子を数多く飛散させるため、広範囲に群生します。放置していると、荒地であってもいたるところで繁茂する生命力の強い雑草です。

【草取りのポイント】

手で取ればいいので草取り自体は難しくありません。ただ、取るときに力加減を間違えないように。力を入れて勢いよく引っ張ると茎の途中で切れてしまい、根まで取り除けません。

◎手で取る場合

ゆっくり引き抜く

茎の根元を持って、上向きにゆっくり力を入れれば根まで取れる。

◎茎が途中で切れた場合

カマを使って根まで切る

もし茎が切れてしまったときは、そのままにせず、カマで根を切って取る。

3
章

草刈りの基本テクニック

草刈り機はこんなときに使う

◎草刈り機を使うシチュエーション

「草取り」と「草刈り」の目的は異なります。草取りは雑草を根元から引き抜くことを目的にしているのに対し、草刈りでは、草刈り機（草払い機）を使って雑草の上部を刈り取り、雑草の丈を短くすることを目的にしています。

雑草を根元から除去するわけではないため、雑草を完全になくすことはできません。その代わり、小さな労力で広い面積の雑草を「目立たなくする」ことができます。芝生と雑草が競うように生えている庭や田畑のあぜ、さらに雑草が生え放題になっている空き地などが、草刈り機の使用に向いています。

ただし、庭に育てている樹木や草花があったり、設置物があったりする場合、その周りの草刈り機の処理は注意が必要です。強引に草刈り機を入れると、樹木や草花を刈ってしまったり、設置物を傷つけてしまったりする可能性があります。

このようなときは、草刈り機を入れられるところまでは草刈り機で処理し、樹木や草花、設置物の周りは、カマなど道具を使った手作業の草取りに切り替えるべきです。

裏庭に雑草が一面に生い茂っている状態。これだけの広さの雑草を手で取るのは現実的ではないので、草刈り機を使用する。

家の周辺に敷かれた砂利のあいだから顔を出しているスギナ。砂利に草刈り機を当てるのは危険。狭い場所では草刈り機を使用せず、手やカマなどの道具を使う。

◎ 草刈りのもうひとつの目的

冒頭で、草刈りの目的を「雑草を目立たなくする」と説明しましたが、長いスパンで見れば、「雑草を生えづらくさせる」という意味合いもあります。
地上部の茎や葉を取り除くことで、雑草は光合成がしづらくなり、それによって生長スピードが遅くなるからです。これはとくに一年草や二年草の雑草では顕著です。

多年草の場合でも、地下茎（ちかけい）や球根に貯蔵された栄養分を使い果たすことになり、生長スピードを遅くしたり、生えづらくさせたりすることにつながります。

◎ 計画的な草刈りで生えづらい環境に

一時的に雑草を目立たなくさせるだけでなく、長期的に雑草を生えづらくさせるには、計画的な草刈りが必要になります。

理想的な草刈りのタイミングは、6月～9月くらいのあいだに、3週間から1か月ほどの間隔を空けながら3回程度行うことです。

多くの雑草（とくに丈のある大型雑草）は、1回目の草刈りによる茎葉（けいよう）の減少を補おうとするために生長スピードを一気に上げていきます。2回目の草刈りは、その生長スピードが十分上がったタイミングで行うことで、それ以上の生長を抑制するという意味があります。

そして3回目の草刈りは、とくに多年草雑草が根茎などによって地下に貯留した栄養の蓄積を減少させるのに効果的です。

このような草刈りを定期的に行うことで、その場所を雑草が生えづらい場所へと変えることもできるのです。ただ、環境や土壌、また生えている雑草の種類などによって、雑草の減少具合はかなり異なります。また、少なくとも2年～3年は定期的な草刈りを続けないと、元の状態に戻ってしまうことがあります。

草刈り機の種類と使い分け方

◎ 草刈り機の種類 ① 金属刃かナイロン刃か？

草を刈るときにどんな刃を使えばよいかは、用途に応じて使い分けるといいでしょう。大きく分けると、円盤状の金属刃を回転させるもの、プラスチック製のブレードがついたもの、紐状になった硬いナイロン（ナイロンコード）を何本か取りつけたものなどがあります。

刈る面積が広い場合や雑草の茎が太く手強い場合は、切れ味のよい金属刃が適しています。そのぶん、扱い方には注意が必要です。

いっぽう、刈る面積が限られている場合や柔らかい雑草が多いところでは、プラスチック製のブレードやナイロンコードでも十分です。安全性や簡便さを求める場合に適しています。

	金属刃	プラスチック製のブレード	ナイロンコード
刃の種類	円盤上の金属刃。このタイプの刃は「チップソー」とも呼ばれる。	ブレードはロール状で販売されており、使用時に必要な長さに切って草刈り機に取りつける。	ナイロン製のひもが巻かれたものを草刈り機本体にセットするのが一般的。
メリット	・雑草の密集地や茎の太い雑草の処理が容易。	・刃がなまったら、簡単に取り替えることができる。 ・金属刃より安全性は高い。	・安全性が高く、取り扱いやすい。 ・コードは自動繰り出し式なので操作が手軽（草刈り機による）。
デメリッ	・刃の取り扱いに注意がいる。 ・取り付けに手間がかかる。	・金属刃より切れ味は劣る。 ・刈った雑草などが飛び散りやすい。	・雑草の密集地や茎の固い雑草には向かない。 ・刈った雑草が飛び散りやすい。

◎ 草刈り機の種類 ② エンジン式か電動式か？

草刈り機は、その動力源の違いから、おもに「エンジン式」と「電動式」に分かれます。エンジン式はガソリンや混合ガソリンなどの燃料を使用します。刃は金属刃を使うものが多いです。

電動式は家庭用コンセントからコードで電気を取るタイプと充電池で動かすタイプがあります。刃はナイロンコードのものが多いです。

エンジン式は電動式に比べて出力（パワー）があるので、茎が太い雑草や生い茂った場所でも容易に刈ることがきます。しかしその反面、重量が重いため扱いにくいというデメリットがあります。

いっぽう電動式は、エンジン式よりも軽量で操作性の高い点が優れています。ただエンジン式よりも出力が小さいため、生い茂った手強い雑草がある場所では、何往復もしなければなりません。

また、コードタイプは、コードを引きながらの作業になるのでわずらわしさは否めません。充電池式の場合でも、使用できる時間に限りがあり、長時間の連続使用には向きません。

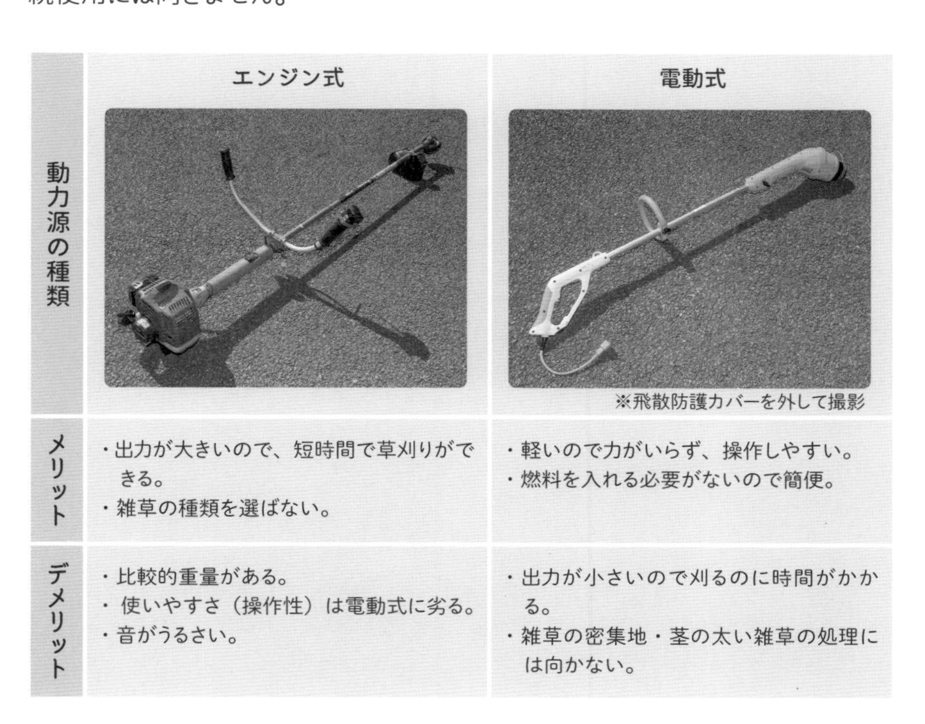

	エンジン式	電動式
動力源の種類		※飛散防護カバーを外して撮影
メリット	・出力が大きいので、短時間で草刈りができる。 ・雑草の種類を選ばない。	・軽いので力がいらず、操作しやすい。 ・燃料を入れる必要がないので簡便。
デメリット	・比較的重量がある。 ・使いやすさ（操作性）は電動式に劣る。 ・音がうるさい。	・出力が小さいので刈るのに時間がかかる。 ・雑草の密集地・茎の太い雑草の処理には向かない。

作業するときの注意点と準備

◎草刈り機の危険性をよく理解して使う

草刈り機を使う際に、もっとも気をつけなければならないのは安全面です。高速回転している刈り刃と小石が接触することで、小石が飛び跳ねて体に当たり、ケガをすることがあります。また、刈り刃をコンクリートや岩など硬いものに当ててしまうと、その反動でバランスを崩して転倒してしまうことも起こり得ます（これを「キックバック」という）。

複数人で草刈りをする場合など、作業している人の後ろから不意に声をかけることも危険です。草刈り機ごと振り返えられると、回転している刈り刃が自分に向けられることになります。実際に刈り刃が足に当たった大きな事故も起きています。草刈り機は、危険な道具であることを理解して扱いましょう。

ここに注意！

作業前 環境に配慮し、作業場所を整えておく

・作業前に、大きな石や枝木、空き缶などを拾っておく
・大きな音が出るので、早朝や夜間には作業しない
・家の庭では、ペットや幼児が近寄らないようにする
・近くに物がある場合は、跳ねた小石で傷つけないように、移動させておくか保護する

作業中 周囲の確認を怠らない

刈り刃を硬いものに当てない

後ろから近寄らない

◎草刈りを行うときに適した服装とは？

草刈り機を使用するときは、事前に装備と服装を確認してください。安易に軽装で作業に入ると、思わぬ事故を招きかねません。基本的な服装と装備について紹介しますので、参考にしてください。

草刈りの服装

飛び跳ねた小石が目に当たらないよう、ゴーグルを装着する。また顔全体を覆うことができるフェイスマスクを併用すれば、より安全。

肩かけベルトがあると便利。草刈り機本体（モーター部分）が右腰付近に収まるように調節する。

構えたときに、刈り刃が地面から10cmくらい浮くようにする。高さの調整は肩かけベルトの長さで調節する。

上半身は長袖を着用し、肌を露出しないようにする。飛び跳ねた小石や雑草の葉などでケガをするのを防ぐ。また、小石や雑草の葉が飛び散るので、必ず長ズボンを履く。

軍手あるいは作業手袋を着用。ケガの予防のほか、草刈り機の振動による手のしびれを軽減する。

草刈り用のエプロンを着用すれば衣類への汚れを軽減できる。さまざまな素材があるが、草刈り機の操作の邪魔になったり、裾を巻き込んだりしない体のサイズにあったものを選ぶこと。

厚めの丈夫な靴は、万一、刈り刃に接触しても大ケガを防ぐ。農作業用の長靴でもいい。

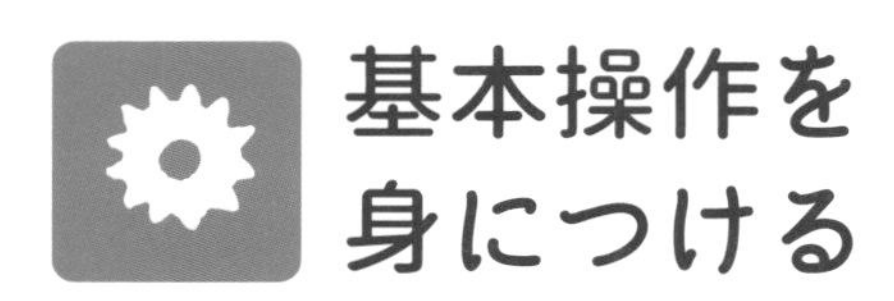

基本操作を身につける

◎ つねに自分の左側の雑草を刈るのが基本

エンジン式であれ電動式であれ、草刈り機の動かし方の基本は同じです。そのポイントをまとめておきますので、よく理解してから操作してください。

・刈りたい場所に対して足をそろえて正体する。
・右足を前に出し、もういっぽうの左足を後ろにし、前へ進む場合はすり足で進む。つまり、つねに右足が前に出ている状態。
・刈り刃の高さは、地面からおよそ 10cm を目安にする。
・刈り刃をやや左に傾けて、右から左に振るときに雑草を刈る。
・刈り刃を右に戻すときは、刈り刃を水平にする。戻すときに無理に刈ろうとしない。

この動作を繰り返しながら、つねに自分の左側の雑草を刈っていくのが基本です。

刈るときの操作手順

刈る方向に対して正体する

両足の間は肩幅くらいを意識する。このとき、まだ草刈り機を作動させない。

右足を前に出し、左側へ振る

草刈り機を作動させたら、刈り刃を左に傾け、草刈り機全体を左側へ振る。体の中心を軸にして上半身を左に回転させるイメージ。

◎ 刈り刃はやや左に傾けながら動かす

草を刈る際は、刈り刃を水平に動かすのではなく、やや左に傾け、自分の左側に生えている雑草を刈るようにします。

水平に動かそうとすると、どうしても上下してしまい不安定な操作になります。傾けることで雑草の茎の根元に刃が入りやすくなり、きれいに刈れます。

◎ スロットルレバー操作のコツ

スロットルレバーは、握り続ければ刈り刃は回転し、レバーを離すと刈り刃の回転が止まるしくみになっています。

草刈り機を左へ振って雑草を刈るときはスロットルレバーを全開（目一杯握る）に、右に振り戻す際はスロットルレバーを半開（握りをゆるめる）にする意識で行えば、リズムよくスムーズに作業ができます。

草刈り機全体を右側に戻す

このとき刈り刃を水平に戻し、雑草を刈ろうとしない。刈り刃が地面に接触しないように注意する。

前進は剣道のすり足の要領で

右足をまず前へ、つぎに左足をそれに合わせて前へ進める。両足を交互に前に出すと、草刈り機が不安定になる。

きれいに刈るためのケーススタディ

◎広い平面を刈る場合

比較的広い場所での作業では、手前から奥へと草刈りをした後は、そのまま反転して手前に戻ってくるようにしましょう。一回一回手前に戻っていては効率的ではありませんし、刈り取った雑草が何列にもたまってしまうので、刈った雑草を集める（93 ページ）ときに面倒だからです。

また、あらかじめ草刈りをする範囲を決めておくのもいいでしょう。草刈りをする前に、ビニールひもを張ったり、枯れ枝を立てたりして目印を設置することで、全体を見渡しながら進めることができ、刈り残しを防ぐことができます。

複数人で草刈り機を使用する場合も、同じ方法でそれぞれの担当範囲を決めておきます。草刈りに集中しすぎると、地面ばかりに目がいき、周囲に目配りができず、お互いに近づきすぎていても気づかない場合があるからです。また、84 ページでも触れたように、このような状況では、作業している人の後ろから不用意に声をかけてはいけません。

体の向きを変える場合は、スロットルレバーを切るように癖づけましょう。草刈り機も上体に合わせて動くので、向きを変えた先に人がいないとは限りません。

一方向に刈る

刈った雑草が何列にもなって、回収が面倒

刈り取られた草は、進行方向の左側にたまっていく。

折り返して刈る

刈った雑草がまとまるので、回収の手間を軽減

折り返して刈った草の山に、これから刈る草が覆い重なるように進む。

◎ のり面や斜面を刈る場合

雑草が生えている場所が、のり面や斜面の場合、草刈り機の操作がしづらくなったり、足元が不安定になったりするので注意が必要です。

草刈り機を左へと動かして刈る点は変わりません。ただし刈る際は、のり面の下から上へと刈り進めてください。下から上への向きで、左側に刈ることができるような向きで草刈り機を使います。

なお、足場が傾斜地になっていてバランスが取りづらい場合は、両足の間隔を広く取るようにします。また、このような場所はすべりやすいので、雨が降った直後などは作業しないようにしましょう。

のり面での草刈りの手順

左側の面に立つ

草刈り機を動かせる左側を確保する。なお、傾斜地では足元が不安定になるので足幅を広く取る。

のり面は下から上に刈る

基本は下から上に動かして刈る。上から下に刈ろうとすると、草刈り機が不安定になりバランスを取りにくい。

最後に平面を刈る

のり面を刈った後に平面部分を刈って仕上げる。

◎コンクリートとの境界を刈る場合

庭に浄化槽などのコンクリート面がある場合、そのコンクリートと雑草が生えた地面の際(きわ)（境界部分）での操作は慎重に行います。

本来なら、草刈り機で大まかに作業をした後に手作業で雑草を取り除くほうが安全ですが、範囲が広くたいへんな場合は草刈り機をじょうずに使います。

草刈り機を左に振ったときのポイントが、地面とコンクリートの際に来るように立ち位置を調整します。

コツは、刈り刃がコンクリートと接触しないよう、草刈り機をふだんより少し浮かせて行うことです。

また、金属刃よりプラスチック製のブレードやナイロンコードの刃を用いれば、万一、コンクリートに接触してもキックバックを起こしづらく、比較的安全に作業ができます。

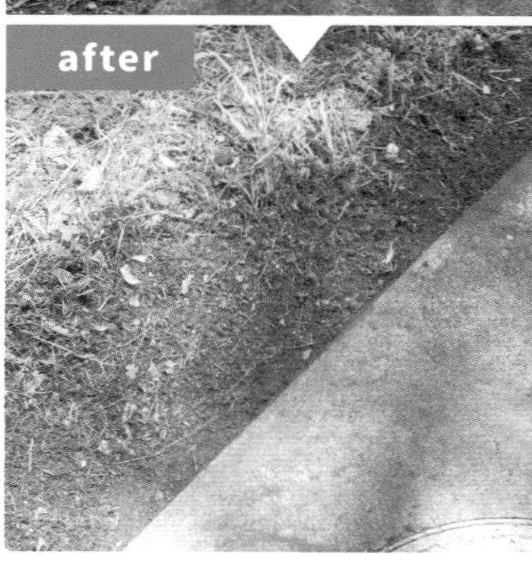

コンクリートの際を刈るコツ

コンクリートの際はつねに左側

草刈り機を左に振ったときに、地面とコンクリートとの境界になるようにする。つまり体の位置はコンクリートの右側にある。

草刈り機は少し浮かせ気味に

刈り刃がコンクリートと接触しないよう、ふだんより草刈り機を浮かせてゆっくり近づける。

◎ 刈ってはいけない樹木や草花がある場合

庭に刈ってはいけない樹木や草花がある場合は、刈り刃で傷つけないよう、周辺 30cm 近く（樹木や草花の中心から半径 30cm より外側）までを草刈り機で作業し、樹木や草花の根元は手作業に切り替えて草取りを行います。こうすることで、誤って刈ってしまったり、幹や茎を傷つけたりせずに済みます。

樹木や草花を残す刈り方の手順

樹木を前に見ながら雑草を刈る

樹木の手前までは通常の刈り方で行う。無理して根元まで草刈り機を入れない。

樹木に近づくのは 30cm 程度まで

樹木に近づいたら草刈り機をいったん止める。目安は根元から 30cm 程度。

樹木を中心に雑草を丸く残す

樹木の根元周辺に雑草が丸く残るイメージで草刈りを行う。

樹木の根元は手作業で行う

樹木の根元は手作業に切り替えて、カマなどを使って草取りを行う。

草刈り機を使う際のコツと草を刈った後の処理

◎ 疲れない草刈り機の動かし方

比較的軽量の電動式草刈り機でも、長時間の作業となれば体力を使います。疲れにくい動作の仕方を身につけましょう。

コツは、腕の力だけに頼って草刈り機を左右に振り回さないことです。体の中心を軸に、体を左右に回転させる意識で、草刈り機の向きを変えていきましょう。自然と草刈り機も向きが変わり、ハンドルが左右に動くはずです。

また一度にたくさん刈ろうとして、大きく体を振りすぎないことです。かえって疲れやすくなります。

一定のリズムで、自分の体を動かさずに向きだけを変えるイメージで行えば、楽に作業ができます。

体の向きと草刈り機の向きが連動している。上半身だけでなく体全体で草刈り機の向きを変えれば、疲れづらい。

腕や上半身の力だけで草刈り機を振っている。疲れやすくなるだけでなく、草刈り機の操作が不安定になる。

◎1時間したら意識的に休憩をとる

草刈り機を連続使用する際は、疲れを感じていなくても1時間くらいに抑えましょう。5分～10分程度でいいので、休憩をとるように意識してください。草刈りに没頭しすぎると、疲れを忘れてしまいがちです。自分では気づいていなくても集中力は低下しているものです。無理して続けると思わぬ事故につながりかねません。

また、どうしても刈り方が粗くなるので、刈りムラや刈り残しにもつながります。改めてその場所を刈ることになり、これではかえって時間と手間がかかります。

さらに、草刈り機は大きな音が出るので、長時間の連続使用は、一時的に耳が聞こえにくくなる場合があります。耳を休めるためにも休憩をはさむようにしましょう。

◎刈った雑草を集めるコツ

空き地や畑であれば、刈り取った雑草をそのままにしておく場合もあるかもしれませんが、庭の場合はそのままにしておくわけにはいきません。美観の面からも雑草を袋づめして処分する必要があります。

しかし、刈り取ったばかりの雑草は、濡れているため嵩（かさ）もあり、雑草を入れたゴミ袋はとても重たくなります。

この場合は、雑草を数日そのままにして乾燥させてから袋づめするようにします。刈り取った雑草をレーキなどを使って数か所にまとめ、小山をつくって数日そのままにしておきましょう。乾燥が進んで雑草の嵩も減り、袋づめの作業が楽になります。

庭の草刈りでは刈ったまま放置せず、レーキでかき集める。

小山をいくつかつくり、数日、乾燥させてから袋づめする。

雑草をグラウンドカバーにする

一面に敷きつめられた芝生の庭には、ついつい憧れを持ってしまうものです。しかし芝の管理は想像以上に手間がかかります。定期的に散水しなければなりませんし、芝が伸びたら芝刈り機で刈りそろえる必要があります。さらに、芝生の土壌は水分や養分も多いため、雑草が生えやすい環境です。こまめな雑草取りも欠かせません。

そこで、管理が面倒な芝を張るのではなく、生えている雑草をグラウンドカバーにするというのも、ひとつの手です。雑草なら、水やりや肥料を与える必要がないため、管理は芝生と比べて格段に楽になります。

もちろん、どんな雑草でもいいというわけではありません。シロツメクサに代表されるマメ科の雑草は、グラウンドカバーに向いている雑草のひとつです。ランナーで横に広がる雑草なら、草刈りをしなくても草丈が伸びず、ほかの雑草が生えてくるのを防いでくれるので管理が容易になります。

最近では、クラピアなどグラウンドカバーとして開発された植物も登場しています。これは、在来種のイワダレソウを改良した品種で、草丈が低く横に広がるので、ほかの雑草が生える余地がなく雑草対策にもなります。

このように雑草をグラウンドカバーにするのは、まだ日本ではメジャーではありませんが、乾燥地のアメリカ西海岸やオーストラリアなどの海外では、よく用いられる方法です。

芝だけにこだわらず、雑草をグラウンドカバーにするという方法も、選択肢のひとつに考えてみてはどうでしょうか。

自生するイワダレソウ

4章

場所に応じた草取りのコツ

家の周りをきれいに保つ草取りのコツ

◎雑草の生えた場所に応じた草取り

これまでは、雑草の種類別の草取りの方法や、より広い範囲の雑草を草刈り機で効率的に草刈りする方法を見てきました。

この章では視点を変えて、家の周囲に生える雑草について、その場所ごとに見ていきます。日当たりや土壌の環境が異なるため、生えやすい雑草も変わってきます。また、効率的な雑草の取り方も場所ごと異なります。代表的な雑草を例に、家の周りの場所に着目し、それぞれの場所に応じた草取りを紹介します。

◎芝生を敷きつめたのはいいけれど…

庭一面に敷きつめられた青々とした芝生は、目を楽しませてくれます。こまめに手入れをしていれば美しい景観なのですが、ちょっと手入れを怠ってしまうと、セイヨウタンポポ、エノコログサ、カタバミなどの雑草がつぎつぎと生えて美観を損ないます。

しかも、不用意に草取りをしてしまうと芝を傷めることになりかねません。芝へのダメージを考えながら草を取る必要があり、芝生をきれいに保ち続けるのは意外に大変なのです。

家の周りは庭の芝生だけではありません。玄関アプローチ、家の北側（日当たりの悪い場所）、カーポートがあったりします。花壇をつくっていたりプランターを置いていたりする家もあるでしょう。それらどこにも雑草は生えてきます。家の周りをきれいに保つためには、場所に応じた草取りが大事になります。

玄関アプローチの目地に生える雑草

デッキの下から顔を出す雑草

北側の勝手口で繁茂する雑草

家の周りのここをチェック

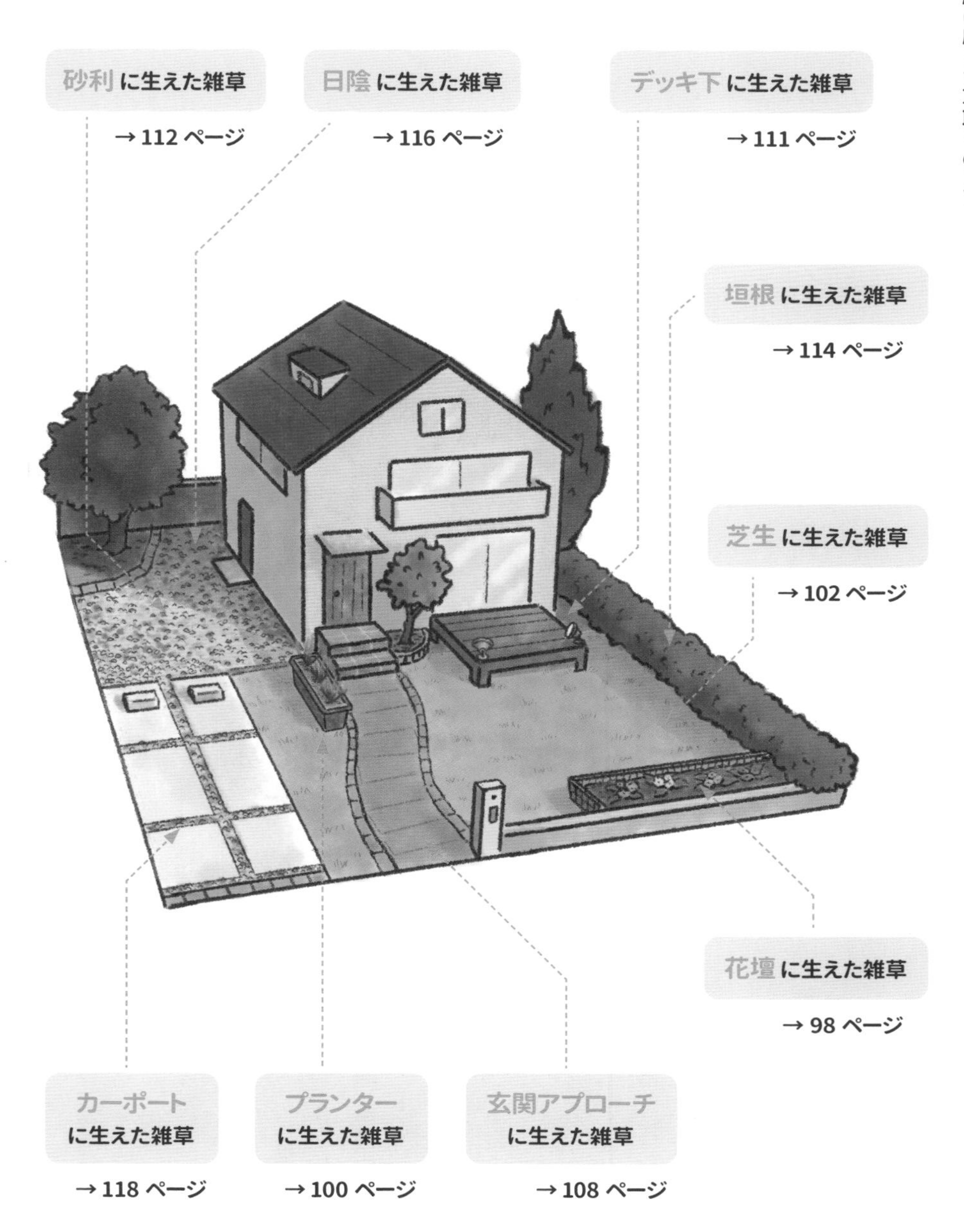

花壇に生えた雑草の草取り

◎ 花壇は雑草にとっていい環境

庭の一部をレンガなどで仕切って、花壇にしている人は多いでしょう。花の生育を助けるために、良質な土を入れたり、肥料を施したりしているはずです。これは雑草にとっても、非常に生育しやすい環境です。こまめな草取りを心がけてください。ここでは、草抜きニッパーを使って、花を傷つけずに雑草を取る方法を紹介します。

技あり！ 便利な道具

● 草抜きニッパー

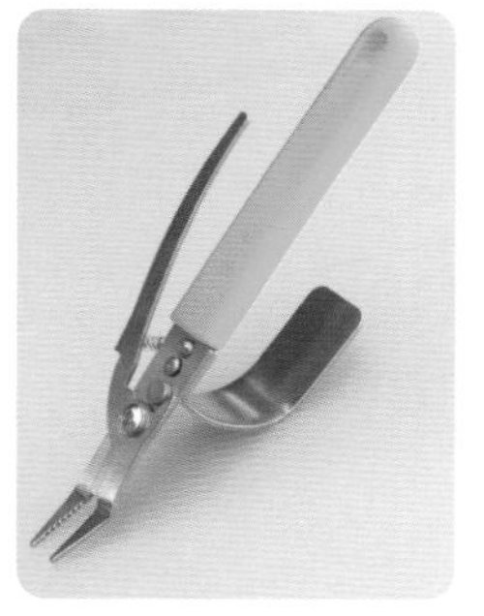

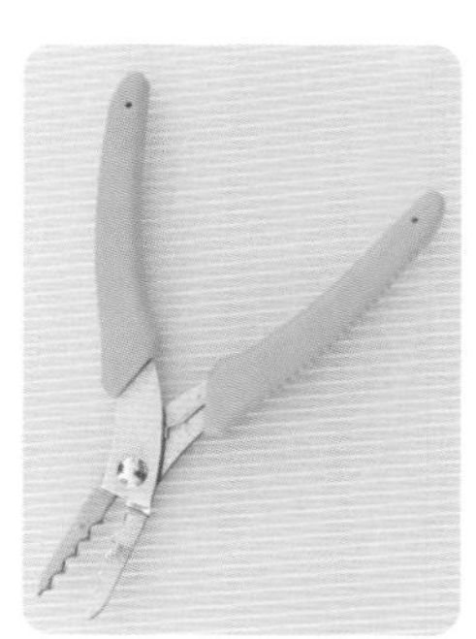

樹木の剪定(せんてい)、ガーデニングなどで使われるハサミのなかでも、花壇の草取りで使うなら、「草抜きニッパー」と呼ばれている、小ぶりのものが便利です。掘り起こしやすいようにてこ付きのもの、茎や根をつかみやすいように刃に溝があるものなど、形はさまざま。用途に応じて使い分けてもいいですが、選ぶ際に迷ったらバネ付き（握らないと刃先が開く）のニッパーが便利でしょう。写真は、花壇でよく見かけるメヒシバ、ヒメジョオン、コニシキソウを草抜きニッパーで取っているところです。

メヒシバ

ヒメジョオン

コニシキソウ

◎ 草抜きニッパーで取る手順

土が頻繁に掘り返される花壇のような場所でも、少し目を離すと雑草はあっという間に生長します。草抜きニッパーを使って、花を傷つけないようにていねいに取り除きます。ここではセイヨウタンポポの例で手順を示します。

茎と葉を束ねる

草抜きニッパーを持ち、もう一方の手でセイヨウタンポポの茎と葉を束ねて起こす。

草抜きニッパーを地中に入れる

草抜きニッパーをセイヨウタンポポの根元に深く入れる。

地中で根をはさむ

刃の部分が地中に隠れたら、草抜きニッパーを握って根をはさむ。

セイヨウタンポポを引き抜く

握ったまま草抜きニッパーを引き上げると同時に、セイヨウタンポポを引く抜く。

プランターに生えた雑草の草取り

◎ プランターはこまめにチェックする

プランターは場所を選ばずに、気軽に花の栽培や野菜づくりを始められるので人気があります。ただ、花壇と同じように良質な土を入れたり、肥料を施したりするため、雑草にとっても生育しやすい環境です。

加えてプランターでは、花壇よりも植栽同士のあいだが狭いため、雑草が繁茂してしまうと取りづらくなります。こまめにチェックして、その都度取り除くようにしましょう。

プランターに生える雑草は、小ぶりで軟らかいものが多いです。根も張っていないので手でつまみ取るのがもっとも簡単です。コツは、周りの植栽に影響を与えないよう、ゆっくりと引き抜くことです。

ここに注意！

プランターの主役を見極める

狭いプランターでは、花を咲かせている植物の葉を一緒につまんでしまうことがよくあります。取りたい雑草と咲かせている花とをより分けてから、抜くべき雑草を見極めましょう。右の写真はヨモギの葉を取ろうと、よく似たキク科の園芸植物・キバナノコギリソウの葉までつまんでいるところです。

◎狭いところは草抜きニッパーで

花の近くや指先を入れづらい狭いところに生えてしまう雑草があります。たとえ小ぶりで軟らかい雑草であっても、無理に手でつまみ取ろうとしないことです。このような場合は、花壇で行う草取り同様、草抜きニッパーで根を切って取り除きましょう。写真はカタバミの例。

根の位置を探す

カタバミを手でつかんで、持ち上げながら根の位置を探る。

草抜きニッパーを地中に入れる

根の位置を探り当てたら、草抜きニッパーを地中深く入れる。

地中で根をつかむ

草抜きニッパーの刃が地中にある状態で握って根をつかむ。

カタバミを引き抜く

握ったまま地中から草抜きニッパーを出し、カタバミを引き抜く。

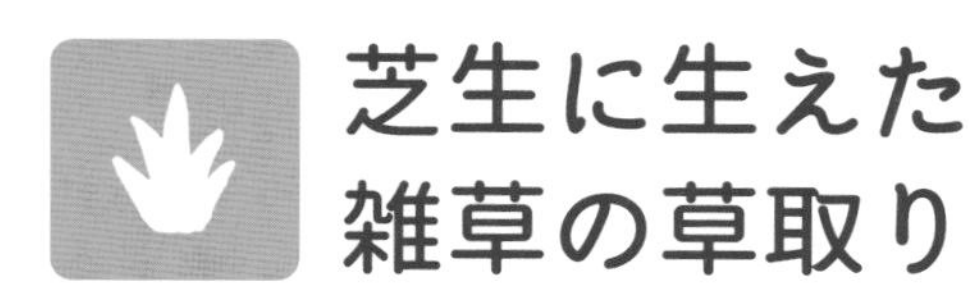

芝生に生えた雑草の草取り

◎ 芝生を雑草から守るのは難しい

一面に敷きつめられた緑の絨毯は美観になるので、庭に芝生を張っている人は多いでしょう。また、芝はある程度放っておいても根が張るため、比較的生育が簡単な点も人気の理由のひとつです。

ただ、芝生を張るような庭は、高い樹木がなく日当たりがいいことや、芝生が育つように土を入れ替えているため、雑草が育ちやすい環境でもあります。雑草が生えないように芝生を管理するのは、じつは簡単なことではありません。ここでは、芝生を極力傷つけずに雑草を取る方法をいくつか紹介しますので、芝生の状況に合った方法を参考にしてください。

また、草取りで万一、芝生を傷めてしまったときのリペア方法もあわせて紹介します。なお、芝には西洋芝、和芝、野芝など種類がありますが、ここではひとつとして扱います。

◎ 広がっていない小さな雑草を取る

横に広がって生えておらず、ポツンとあるような小さな雑草なら、カマを使って取ります。カマの刃を横から地中に入れるのがコツです。写真はカタバミの例。

カマを横から地中に入れる

茎と葉を束ねたら、カマの刃を横から地中にすべらせるように入れ、根を断ち切る。

カマの刃を上に返す

地中の刃を上に返しながら引き上げると、根は簡単に取れる。

◎ 根の張っている雑草を取る

根が張って下にも伸びている雑草は、取り除くときに芝を傷めないよう注意が必要です。傷めそうな場合は、カマではなく草抜きフォークを試してください。セイヨウタンポポを例に、その取り方を紹介します。

草抜きフォークを茎の真下にさす

草抜きフォークを地表に対し、垂直に近い角度で茎の真下にさし込む。

てこの原理で草抜きフォークを上げる

草抜きフォークに力をかけ、てこの原理で草抜きフォークを真上に上げる。

◎小ぶりなイネ科の雑草を取る

芝生にはイネ科の雑草がよく生えます。芝自体もイネ科ですので、芝によい環境であれば、イネ科の雑草の生長にも都合がいいのは当然です。生えてきたばかりの比較的小ぶりなイネ科の雑草を取る際は、草抜きフォークが使いやすいでしょう。ここではメヒシバを例に、その取り方を紹介します。

片手でメヒシバを持つ

草抜きフォークを持ち、もう一方の手でメヒシバの葉や茎を持つ。

垂直に草抜きフォークをさす

片手で持っているメヒシバの茎の中心部に、垂直気味に草抜きフォークを深くさし込む。

てこの原理を使って草抜きフォークを上げる

草抜きフォークに力をかけ、てこの原理で真上に上げると、容易に根が取れる。

◎ イネ科の雑草が大きくなった場合

イネ科の雑草は芝生のなかで同化しやすいため、気がついたときには大きく生長している場合があります。草抜きフォークで対処できないほど大きくなっているときはカマを使いましょう。どうしても芝生も一緒に刈ることになるのである程度は傷つけてしまいますが、極力小さくなるよう心がけます。

また、傷つけてしまった場合でも芝生のリペアは可能です（107 ページ）。写真は、大きくなったエノコログサを取る例。

片手で茎を束ねる

カマを持っていないほう手で茎を束ねる。その際、なるべく地表に近い部分を持つ。

カマを入れる

カマの刃を入れるときは、茎の真下にカマの刃がくるイメージで。

刃を前後に動かし根を切る

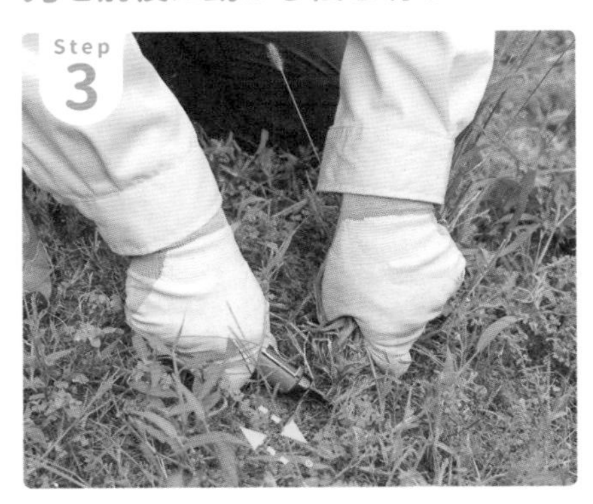

刃を前後に動かし根を切ると同時に、茎を持っている手を上方向に引く。

カマの刃を上に返す

カマの刃を上に返しながら、茎を引き上げて根ごと取る。

◎ 広範囲に茂った雑草を取る

地上で横に伸びて広がった雑草を取る場合は、草削りを使って集める方法がいいでしょう。後は手で取り除けば、芝を傷めずに処理できます。ここではシロツメクサを例に、その取り方を紹介します。

草削りを根元に当てる

草削りを真上から根元に当てる。刃は地面に深くもぐり込まないように。

草削りを手前に引く

力を加減しながら手前に軽く引く。ひっかかりがあったら無理に引かずにそこで止める。これを繰り返してシロツメクサを寄せ集める。

シロツメクサを片手でまとめる

寄せ集めたシロツメクサを片手でまとめる。ここで根を引き抜こうとしない。

真上に引き上げる

まとめたシロツメクサを真上にゆっくり引き上げると根が取れる。

どうする!? 芝生を傷めてしまったら

― 芝生のリペア方法 ―

雑草を取り除いたときに芝も一緒に引きはがしてしまい、芝生に穴を空けてしまうことがあります。しかし、芝は環境の変化に強く、すぐに根を伸ばすので、リペア（補修）すれば元の通りになります。ここでは目土（めつち）（培養土）を使った簡単なリペア方法を紹介します。目土にも種類がありますが、砂状の一般的なタイプでいいでしょう。

適量の目土を用意する

穴が埋まる程度の目土を用意する。量が少なすぎたり多すぎたりすると、その部分がでこぼこになるので注意。

芝がはがれた部分に目土を入れる

芝がはがれて穴の空いた部分をふさぐように目土を入れる。

目土を手でならす

目土を入れたところが均等になるように、地面を手で軽く押しながらならす。

たっぷり水をまく

上からたっぷりと水をまき、芝生が元の状態に戻るのを待つ。

玄関アプローチに生えた雑草の草取り

◎ 枕木の周りに生えた雑草を取る

玄関から庭に続く通路に、枕木（まくらぎ）や畳石（たたみいし）を埋め込んだりして飾られていることがよくあります。玄関アプローチは訪れた人が必ず目にする、まさに家の顔のような場所です。それなのに枕木の周りから雑草が生えていたり、石の目地にコケが生えていたりすると、印象はよくありません。手入れを怠らないようにしたいものです。

ここでは、エントランスから玄関ドアまでのあいだの踏み石として、枕木を敷いた一般的なアプローチを取り上げました。枕木は芝生に埋め込むように敷かれる場合が多く、周辺の芝生から雑草が生えてしまう場合がよくあります。ここでは、枕木のあいだに生えたカタバミを草抜きフォークを使って取り除くところを示しています。

根の部分に草抜きフォークをさす

カタバミの茎を引っ張って、根の部分を見つけ出し、根の真下に草抜きフォークを浅くさす。

てこの原理で真上に上げる

草抜きフォークのてこの原理で真上に上げると、根が取れる。

◎ 目地に生えた雑草を取る

アプローチでは、化粧ブロックやインターロッキングブロックなどを使ったエクステリアを敷設することが多くあります。そのとき、珪砂（けいしゃ）などで目地を埋めたりしますが、時間が経つにつれ、その部分から雑草が出てしまうことがあります。

ここでは目地に生えたイネ科の雑草の取り方を紹介します。

カマを斜めに入れる

カマを目地に対して直角に入れるのではなく、斜めに入れる。

カマをすき間に沿って引いていく

引くときは、化粧ブロックの側面にカマの刃をあまり当てないようにゆっくりと。

反対側からも同じようにカマを引く

一方を引き切ったら、同じすき間の反対側からもカマを入れて引いていく。

ワンポイント

断面がＶの字になるイメージ

左右両方から斜めに角度をつけてカマを入れることがポイント。断面がＶの字になるイメージで。カマを垂直に入れても根はなかなか切れない。

◎ 石畳に生えたコケを取る

玄関アプローチには、石を整然と敷きつめた石畳もよく使われます。ただ水はけがよくないため、日当たりが悪かったり湿気があったりする場所では、石畳の表面や目地にコケが生えやすくなります。

コケの種類によっては趣（おもむき）も出ますが、見栄えがよくないのなら、すべりやすいので草削りやカマで取り除いたほうがいいでしょう。

また、コケを取り除いて目地がくぼんでしまったら、土で目地を埋めることを忘れないようにしましょう。仕上りがきれいになります。

石畳の上のコケを削ぎ落す

石畳の上に広がったコケは、草削りで削ぎ落とす。

ワンポイント

草削りは力を加減しながら引く

草削りで引く際は、ゆっくりと力を加減して。勢いよく引くと石畳の表面を傷つけてしまう。コケがはぎ取られていくのを目で確認しながら引くといい。

目地に沿ってカマを入れる

目地に生えたコケにはカマを用いる。目地にカマを入れて引くと、土ごとコケが取れる。

目地に土を戻して手でならす

目地がくぼんでしまったら、コケと一緒に取り除かれた土を目地に戻して手でならす。

デッキ下に生えた雑草の草取り

◎ 手入れを忘れがちな場所

リビングやダイニングの前庭にデッキを設けている家も少なくありません。デッキの下は手が届きにくく手入れを怠りがちですが、意外と人の目につきやすい場所です。日陰で乾燥しているデッキ下に生えやすい雑草は、ミズヒキやドクダミなどのつる性植物です。これらはまとめて引き切り、さらに根を掘り起こすようにしましょう。ここではミズヒキを例に紹介します。

つるを束ねる

デッキの外にはみ出しているミズヒキのつるを、可能な範囲でひとまとめに束ねる。

つるを引っ張り出して引きちぎる

まとめたミズヒキのつるを引っ張り出して引きちぎる。奥にあるミズヒキも引きずり出し、それも引きちぎる。

地中にカマを入れ、根を掘り出す

ちぎれたつるの真下にミズヒキの根があるので、そこにカマを入れる。地中でカマを上に返して根を掘り出す。

ここに注意！

配線コードやごみに注意

デッキ下にライトなどの電気配線を通している場合があります。カマを入れる前に確認しましょう。また、割れたガラス瓶のかけらや鋭利なゴミが入り込んでいる場合があるので、必ず手袋をして作業しましょう。

砂利に生えた雑草の草取り

◎ 砂利を除いて根を出す

砂利は、雑草が生えてほしくない場所に防草の役目として敷かれるのが一般的です。しかしスギナやシロツメクサなど、生命力が強い雑草は砂利を敷いていても生えてくることがあります。

砂利の下の地面は乾燥して硬くなっている場合が多く、また砂利があるために不用意に草刈り機などを使うわけにもいきません。砂利を敷いた場所に生えた雑草をスムーズに取る方法を紹介します。

ここではスギナの例をみていきます。スギナは地中深くに地下茎(ちかけい)を伸ばし、あちこちから地上へと顔を出すやっかいな雑草です。草取りで地下茎を完全に取り除くことは難しいですが、放っておくとどんどん広がるので、それを防ぐためにも取り除きます。

砂利を取り除いて根を出す

スギナの生えている周辺の砂利を手で取り除き、土を露出させスギナの茎と根を出す。

深いところまでカマを入れる

根の深いところまでカマを入れて、カマを動かして根を断ち切る。スギナを引き抜いたら、砂利を元に戻して平らにならす。

◎ 草抜きフォークを使う

マメ科のシロツメクサは、ほかの雑草が生えないようなやせた土地でも生い茂る強い雑草です。ただ根は深くないので、根元さえわかれば、草抜きフォークで取り除くのは難しくありません。

まずは砂利を取り除き、根元が見えるようにします。草抜きフォークで根をほぐしたら、後は手でゆっくりと引き抜きます。

根元に草抜きフォークをさす

周辺の砂利を手で取り除き、シロツメクサの根元に真上から草抜きフォークをさし込む。

草抜きフォークで根を起こす

てこの原理で草抜きフォークに力をかけると、根がはぎ取れる。

根を手で引き抜く

両手を使って、根が途中でちぎれないようにゆっくりと引き抜く。

砂利を元通りにする

砂利を元に戻して平らにならす。

垣根に生えた雑草の草取り

◎ 内側からは気づきにくい場所

垣根には、家と家を隔てたり、家と道を隔てたりする役目があります。丈のある植物が用いられたり、石積みが組まれたりします。敷地内からは気づきにくいものですが、外からは意外に目がつくところです。

ここでは、垣根に生えたオオバコを例にみていきます。オオバコやセイヨウタンポポなどの広葉(こうよう)雑草を取る場合は、手で引き抜くのは容易ではありません。草抜きフォークを使うといいでしょう。

茎の根元に草抜きフォークをさす

オオバコの葉を地面に押しつけて、茎の根元を露出させる。露出した茎の根元に、草抜きフォークをさす。

てこの原理を使って根を取る

てこの原理で草抜きフォークに力をかけると、根が取れる。

平らにならす

ねじりカマや手で、くぼんでしまった部分をならす。

◎ 植栽にからんだ雑草を取る

手入れされたツツジやカイヅカイブキなどの植栽にまとわりつくように雑草が生えてしまうことがあります。とくに、ヤブガラシのようなつる性植物の雑草を取るには、つるだけでなく根を探し出して引き抜く必要があります。

つるをまとめて引き出す

植栽にからまって伸びているつるをまとめながら引き出す。

つるをたどって根を探し出す

引き出したつるをたどって根のある場所を探し出す。

カマを入れ根を切る

カマを地中深く入れ、根を断ち切る。その後、カマを上に返しながら引き抜く。

日陰に生えた雑草の草取り

◎ 効率的な草取りの手順を知る

家の周りで日の当たらない場所というと、北側の勝手口、隣の家との境界などでしょうか。日光が届きにくい場所は、多くの植物にとって過酷な環境ですが、雑草のなかにはそのような環境でも大きくなるものがあります。また、コケ類のように、日当たりが悪くジメジメした環境のほうが生育に適した植物もいます。

手入れが後回しになりがちな場所のため、そのぶん雑草が繁茂しているケースを見かけます。芝生や草花といった周りの植栽に気をつかわず草取りできるので効率よく作業をしたいものです。日陰に生えた草取りのコツは、まず大きな雑草から取り、それから小さな雑草を取り除くことです。また、地表面を土ごと削ってしまってもいいでしょう。人目を気にすることなく、ほかの植物も生えていない日陰の場所だからこそできる、効率的な方法です。

技あり！ 便利な道具

● 長柄（ながえ）三角ホー

「ホー」とは、一般に「クワ」を指しますが、そのクワの先端が三角形で、長い（多くの場合、1m以上）柄のついた道具が長柄三角ホーです。立ったままで草取りできるのがメリットです。三角形の角を使って雑草の根をかき取ったり、横に倒して土や雑草を削ったりできます。

◎ まずは大きな雑草から処理する

むやみに作業に入るのではなく、目につく大きな雑草から処理しましょう。日陰でも根を張り、大きくなる雑草の代表例がセイヨウタンポポです。長柄三角ホーを使って根を掘り起こします。

長柄三角ホーを根元にさす

長柄三角ホーをセイヨウタンポポの茎の根元めがけて振り下ろす。

長柄三角ホーを手前に引く

振り下ろした長柄三角ホーを手前に引いて、根を起こす。根から抜けたセイヨウタンポポはレーキなどで集める。

◎ コケは土ごと取り除く

大きな雑草を処理したら、つぎは小ぶりの雑草です。日陰でよく育つ植物の代表例にゼニゴケがあります。根は張っていないので土の表面を削(そ)げば容易に取り除けます。

長柄三角ホーを横にして使う

長柄三角ホーを横にして、ゼニゴケの生えている面に当てる。

横にしたまま手前に引く

横にしたまま長柄三角ホーを手前に引いて、ゼニゴケを地面からこそげ落とす。ゼニゴケがなくなり地面が見えるまで行う。

カーポートに生えた雑草の草取り

◎ 目立つ場所なので早めに対処

駐車する場所であるカーポートは多くの場合、アスファルトやコンクリートで舗装(ほそう)されています。基本的には雑草が生えづらい環境といえますが、それでもアスファルトの裂け目や、コンクリートのすき間などにはイネ科の雑草などが生えてきます。また、コンクリートを好んで生えるコケもあります。いったん生えると目立つので、なるべく早めに対処しましょう。

◎ コンクリートに生えたコケを取る

コンクリートから染み出た成分を好む植物もあります。その代表例がコケです。ここでは、コンクリートの表面に生えたコケの取り方を紹介します。

刃の先端を当てる

生えているコケの端に、ねじりカマの刃の先端を当てる。

軽めに引きはがす

刃の先端を当てたまま、コンクリートを傷つけないように軽めに引きはがす。

どうする!? こんな場合

生えている場所に応じて道具を変える

ねじりカマで簡単に取れますが、側面あるいはすき間に生えている場合、写真のようにカマを使ったほうが容易です。

◎ 継ぎ目に生える雑草を取る

コンクリートとアスファルトが接している境界は、雑草が生えやすいところです。経年劣化により、その継ぎ目に土が入ったり裂け目ができたりして、そこに雑草が根を張る場合があります。

ここでは継ぎ目に生えたコニシキソウやイネ科の雑草の取り方を紹介します。

カマでかき出す方法でもいいですが、範囲が広い場合は、長柄三角ホーを使って掘り起こすように行うと楽に作業ができます。

長柄三角ホーで掘り起こす

長柄三角ホーの角を雑草の生えている継ぎ目に当て、掘り起こすイメージで引き上げる。

長柄三角ホーは小刻みに

長柄三角ホーを大きく引いたりせずに、小刻みに動かす。後ろ向きに進めていくとやりやすい。

どうする!? こんな場合

車止めのすき間などに生えた雑草

地面と車止めの継ぎ目に、イネ科の雑草が生えることがよくあります。手で引き抜くのがもっとも簡単です。できるだけ根元に近い下のほうをつかみ、真上に引き上げます。

残してもいい雑草を見つける

庭に生えてきた見慣れない植物を、ひとくくりにやっかい者扱いして取り除いてしまうのはどうでしょうか。

生えてほしくないところに生えてくれば、それは雑草に違いないのですが、気にならなければ取る必要はありません。むしろ姿形などが気にいっている植物ならば、あえて残してもいいでしょう。

可憐（かれん）な青い花を咲かせるイヌノフグリや紫の花で春の訪れを知らせてくれるスミレなど、やっかい者として取り除いてしまうには、ちょっと迷ってしまう植物です。また、ヨモギやドクダミなど、古来、薬草として使われてきた植物もあります。

さらにナズナやクズは、春の七草、秋の七草のひとつとして食されてきた、日本の年中行事のなかに根づいている植物です。

このように雑草とはいえ、目や舌を楽しませ、また日本の四季を感じさせてくれる存在でもあるのです。

つまり、なにがなんでも取り除くのではなく、取るべき雑草、取らなくていい雑草に仕分けして草取りをしたほうが、自分好みの庭づくりを楽しめるはずです。

同じ種類の雑草でも、あそこに生えているものは取るが、ここに生えているものは取らないといった場所ごとに決めてもいいでしょう。

取るべき雑草、取らなくていい雑草を振り分けるには、その雑草について知らなければなりません。いまやインターネットで簡単に調べられますし、野草図鑑もたくさん出ていますので、取ってしまう前に、その雑草をじっくり観察して調べてみるのもおもしろいのではないでしょうか。新たな雑草に出会えるのも、また楽しみ方のひとつです。

5章

除草剤の
じょうずな使い方

除草剤について正しく理解する

◎除草剤のメリットとデメリットを押さえる

これまでは雑草をカマで断ち切ったり、草刈り機で刈ったりする方法を見てきました。ここでは化学的な処理によって雑草を取り除く方法を紹介します。

具体的には、除草剤を使って生育を阻害し、枯らしてしまう方法や、除草剤や石灰などを土にまくことで、雑草が生えにくい土壌に変える方法です。

この方法の最大の利点は手間をかけずに、除草が楽に行えるという点です。これまで見てきた草取りや草刈りは、どうしても力仕事になりますが、除草剤はそれを軽減してくれます。ただし一方で、理解せずに正しい方法でやらないと、効果が得られなかったり、周りの環境（庭の植栽）に影響を与えたりする可能性があります。

まずは除草剤のメリットとデメリットを把握して、正しい使い方を理解することが大切になります。

メリット

- 労力がいらない
- 一度に対処できる
- 広い範囲に対応できる

デメリット

- 雑草以外も枯らしてしまうことがある
- 効果が短い場合がある
- 使用条件に制約がある

◎除草剤を使うときは天候が大事

除草剤を使うときは天候を見極めましょう。除草剤には124ページで紹介するように、大きく分けて土壌処理型と茎葉（けいよう）処理型の2種類がありますが、土壌処理型の場合は、雨の降った翌日の午前中に用いると効果的です。地面が湿っていることで薬剤が浸透しやすく、より早く効果を期待できるからです。

一方の茎葉処理型の場合、雲行きが怪しい日に除草剤を散布し、その後雨が降り出しては、薬剤が薄まってしまい効果が期待できません。また、風が強い日は、育てている草花や樹木にまで薬剤がかかったり、ご近所に飛散してしまったりすることがあります。そのため、天気がよい風の強くない日に行うようにしましょう。

天候選びもポイント

土壌処理型

雨の降った翌日の午前中

茎葉処理型

天気がよい風のない日

◎除草剤を使うのに適した時期

除草剤のタイプによって、使用するのに適した季節があります。土壌処理型の除草剤は雑草が生え始める頃、つまり春先に使用するのがベストです。それに加えて、雑草が枯れ始める秋頃にも使うと高い効果が得られます。

また茎葉処理型の場合は、雑草が生長する春から夏までのあいだに、数回に分けて使用するのが目安です。

ただし、使用する時期については、除草剤の種類により異なるので、必ず除草剤に記載されている表示ラベル（取扱説明書）を読んでから使いましょう。

薬効と散布の仕方で考えると理解しやすい

◎ 土壌処理型と茎葉処理型の２種類

除草剤を薬効で大別すると、土壌処理型と茎葉処理型の２種類があります。

土壌処理型は土に使う除草剤で、多くの場合、粒状タイプをしています。顆粒が土の持っている湿気などでゆっくり溶け出し、浸透していきます。そして土壌の表面に近い部分に薬剤が留まり、処理層をつくることで、根の生長や発芽を阻害します。つまり、雑草が生えづらい土になるのです。まいてすぐに効果が出るものではありませんが、継続的にみると雑草は少しずつ減っていきます。

茎葉処理型は雑草の茎や葉を枯らすものです。これは多くの場合、液体タイプで、雑草に直接かけることで葉→茎→根と浸透していき、効果を発揮します。即効性はありますが、雑草を枯らした後、薬効成分は分解されてしまうので、長期的に雑草を生えなくするものではありません。

種類の違いによる薬効のイメージ

土壌処理型

処理層ができる

根から吸収

◎ 除草剤の散布方法もいろいろある

除草剤の散布の仕方は、除草剤が液体か粒状かで異なりますので、表示ラベルに記載されている使用方法に従ってください。ここでは、シチュエーションに応じた一般的な散布の方法を4つに分けて紹介します。

①液体の薬剤を水で薄めて噴霧器で散布する
②液体の薬剤を刷毛（はけ）などで直接葉に塗る
③液体の薬剤を水で薄めて霧吹きで吹きつける
④顆粒の薬剤を土の表面にまく

①と④は、ある程度の範囲を散布するのに効率的ですが、②と③は限られた範囲に使用したいときに用いる方法です。②の直接葉に塗る方法は、枯らしたくない樹木や植栽にからみついたつる性雑草などに使います。③の霧吹きを使うのは、プランターや花壇などに生えた雑草をピンポイントで取り除きたいときに便利な方法です。

さまざまな散布方法

＼②塗布する／

＼③霧吹きをする／

＼④顆粒をまく／

シチュエーション別
除草剤の選び方と使い方

◎5つのシチュエーションから選ぶ

いざ、除草剤を選ぶとなると、市販されているその種類の多さに迷う人もいるでしょう。何を選べばよいのか、どう使えばよいのかという答えは、取り除きたい雑草がどこにどんなふうに生えているかによって違ってきます。ここでは、除草剤の種類とその散布方法を5つのシチュエーションに整理し、早見表にまとめました。除草剤を選ぶ際の参考にしてください。

なお、商品例はイメージしやすいよう一般的に購入しやすいものを挙げたものであり、推奨するものではありません。

シチュエーション別早見表

	① **植栽にからまった雑草** →132ページ	② **芝生の庭に生えた雑草** →133ページ
シチュエーション		
除草剤の種類	茎葉処理型	茎葉処理型で「選択性」のもの ※芝生用除草剤の表示があるもの
除草剤の使用法	塗布する	噴霧する
商品例	・ネコソギクイックプロFL ・アースカマイラズ 草消滅	・シバキープエース液剤 ・シバニードシャワー ・MCPP液剤

◎ ゼニゴケとスギナは別に考える

ゼニゴケとスギナについては、ほかの雑草とは異なり、専用の除草剤や除草方法があります。詳しくは 136 ページで述べますが、ここではゼニゴケとスギナの除草は例外だという点を押えておきましょう。

◉ ゼニゴケ

ゼニゴケは一般的な雑草とは異なり、根を張る植物ではないため、普通の除草剤では効果が出ません。ゼニゴケ専用の除草剤を用います。

◉ スギナ

地下茎を広げるスギナにはカソロンなどをまくのが一般的ですが、生えているところだけでなく、生えていない周辺にもまくことで効果が期待できます。その点がほかの雑草と異なります。

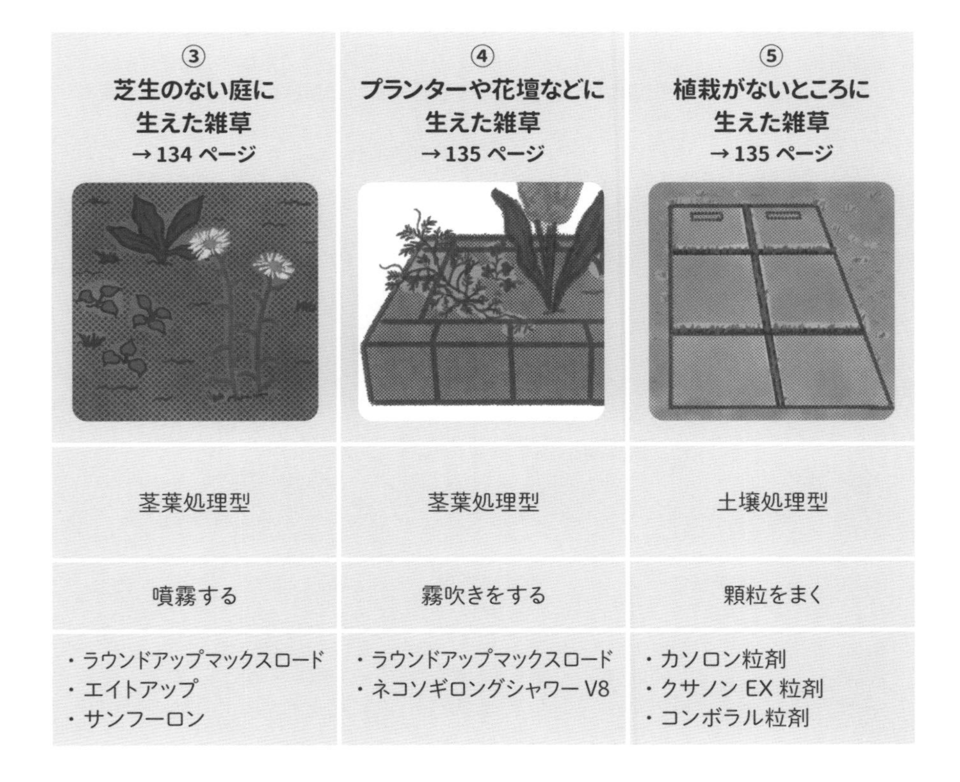

③ 芝生のない庭に 生えた雑草 →134 ページ	④ プランターや花壇などに 生えた雑草 →135 ページ	⑤ 植栽がないところに 生えた雑草 →135 ページ
茎葉処理型	茎葉処理型	土壌処理型
噴霧する	霧吹きをする	顆粒をまく
・ラウンドアップマックスロード ・エイトアップ ・サンフーロン	・ラウンドアップマックスロード ・ネコソギロングシャワー V8	・カソロン粒剤 ・クサノン EX 粒剤 ・コンボラル粒剤

除草剤で使う道具と除草剤のラベルの読み方

◎除草剤の道具もいろいろある

除草剤で用いる一般的な道具をまとめておきます。もちろん、すべてを用意しなければならないというものではありません。代用できるものもあれば、用意しておくと便利なものもあります。

道具を選ぶ際は、除草剤の表示ラベルに書かれている使用方法を読み、適した道具であるかを確認してください。

散布するときの便利な道具（液体タイプの場合）

A 噴霧器
液体の薬剤を噴霧する容器。空気を加圧し、その圧力で噴霧する。

B ビーカーと計量バケツ
いずれも除草剤を希釈するときに使用する。

C ゴーグル
除草剤が目に入らないよう、使用するときは着用する。

D 除草剤
液体の除草剤は多くの場合、水で希釈して用いる。

E 展着材（てんちゃくざい）
薬剤を葉に付着させる働きがある。粘り気を出すことで、葉に留める。

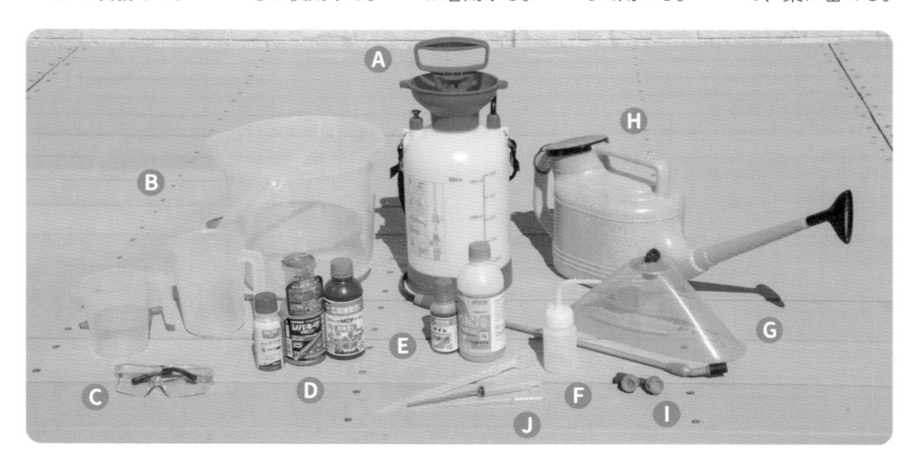

F 洗浄ボトル
除草剤を希釈する際に用いる。

G 飛散防止カバー
薬剤が周りに飛散しないよう噴霧器のノズルにつけるカバー。

H 除草剤専用ジョウロ
薬剤が横に飛散しないように噴き出し口が縦になっている。

I 2頭口ノズル
ノズルの先が2口になっているもの。一度に広範囲に噴霧できる。

J スポイトとピペット
ごく少量の除草剤を使用する場合に量る。

◎ 除草剤の表示ラベルを必ず確認する

除草剤による除草は、使用上の注意点をきちんと守れば、いたずらに不安になる必要はありません。使用前に除草剤に記載されている表示ラベルを必ず確認することです。除草剤の記載のうち、とくに注意して読む点をまとめておきます。

表示ラベルを理解する

除草剤の種類	多くの除草剤は、土壌処理型か茎葉処理型のどちらかである（一部、ハイブリッド型も存在）。目的に応じたタイプを選択する。
農耕地用と非農耕地用	表示ラベルにある「農耕地用」と「非農耕地用」は、農薬として登録されているかいないかの違い。農耕地用には「農林水産省登録第〇〇号」と登録番号の表記がある。畑や庭、キッチンガーデンなどで使用する場合は、農耕地用の除草剤を使用する。また、空き地や道路など植栽がないところは、非農耕地用の除草剤が使用できる。
芝生での除草剤	芝生に生えた雑草を除草する場合、芝を傷めない「選択性（雑草のみ枯らす）」の除草剤であることを確認する。「非選択性（すべてを枯らせる）」の除草剤では芝生が枯れる場合がある。「選択性」の代わりに、「芝生に使える」などと表示されている場合もある。 ※同じ芝生でも、和芝用、西洋芝用がある。自宅の芝がどちらなのか把握しておく。

使用量と面積（粒状タイプ）

ラベルには、散布する広さに応じた使用量が示されているので、除草する広さを把握しておく。たとえば縦横約 1.8m の面積は、およそ1坪（約 3.3㎡）となり、畳 2 畳分くらいに相当すると把握しておくとイメージしやすい。

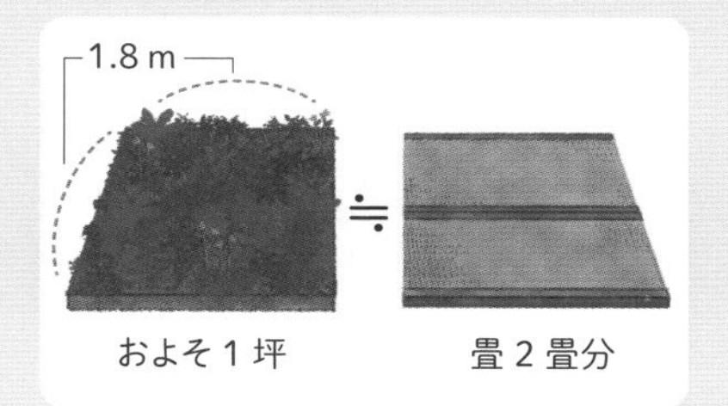

薬量と希釈倍率（液体タイプ）

液体で使用する場合には、「薬量」と「（希釈）水量」が示されている。薬量は除草剤の原液の量のことで、（希釈）水量は、それを水で薄める際に用いる水の量。「〇倍に希釈する」「原液〇 mL に対して水〇 L」などと表示されている場合が多い。

希釈の例

希釈倍率	水量	薬量
100 倍	2L	20mL
	10L	100mL
50 倍	2L	40mL
	10L	200mL
25 倍	2L	80mL
	10L	400mL

除草剤を使う前に全体の流れを頭に入れておく

◎ 使用の際には服装に注意する

万一、除草剤が目や口に入らないとも限りません。作業するときは、マスクとゴーグルを忘れないように注意しましょう。また、薬剤が皮膚にかからないように、作業をするときはゴム手袋、長袖、長ズボンを着用します。

なお、散布中に風が吹いてきたら、風上に立って薬剤が体にかからないようにします。

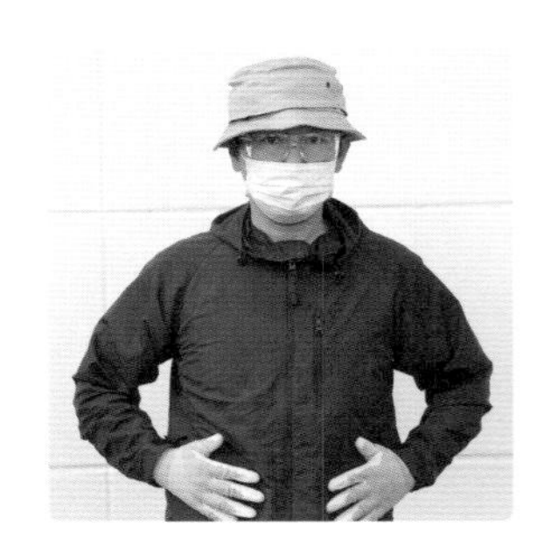

◎ 除草剤のつくり方から片づけ方まで

液体の除草剤では、一般的に希釈（水で薄める）の手順が必要になります（すでに希釈されたストレートタイプも一部ある）。これは噴霧、塗布、霧吹きともに共通です。どういう手順で希釈し、散布終了後、どう片づけるのか、一連の手順を示しておきます。事前に全体の流れを頭に入れておけば、スムーズに作業を行えます。

除草剤の薬量、希釈水量（薄める水の量）は、散布する広さや除草剤によって違うので、具体的な分量は除草剤に記載された使用方法に従ってください。

希釈から後片付けまで

小さいビーカーに除草剤を入れる

散布する広さに応じた分量の除草剤を、小さいビーカーに入れる。その際、水平な場所に容器を置いて目盛りをしっかり読む。

大きいビーカーに移し替える

小さいビーカーに入れた除草剤を、大きいビーカーに移し替える。最初に小さいビーカーを使うのは、正確な分量を量りやすいため。

展着剤を数滴入れる

スポイトで展着剤を数滴取り、除草剤の入ったビーカーに入れる。

ビーカーをすすぎながら容器に移す

ビーカー内を水ですすぎ、それを散布する容器（噴霧器のタンクや塗布するときに使用する容器）に移し替える。これは、ビーカー内の薬剤（除草剤や展着剤）を残さないため。なお、すすぐための水も希釈水量のうちに入っていることに注意。

除草剤を水で希釈する

除草剤の入った容器に、ビーカーをすすいだ水を含めた量の希釈水を入れる。写真は、噴霧器のタンクに入れた除草剤を希釈しているところ。

除草剤を散布する

除草剤は残さずにすべて使い切り、取り置きしない。残したまま忘れてしまうと、次回使用時に誤って使う事故につながる。

容器をよく洗う

使用した容器を水でよく洗う。その洗い流した水は排水溝などに流す。

噴霧器はノズルもよく洗う

ノズルに除草剤が残ったままにしているとつまってしまう。また、次回使用時に同じ薬剤を使うとは限らないので、ノズルも忘れずに洗う。

シチュエーション別 除草剤の手順

◎雑草のシチュエーションに応じた使用法を知る

126ページで、除草剤の種類と使い方を5つのシチュエーションに整理しています。雑草の周りの環境に合った除草剤とその使い方を押えておきましょう。

シチュエーション①

植栽にからまった雑草

つる性雑草に除草剤を塗布する方法を紹介します。樹木や草花につる性雑草がからんでいると、噴霧するわけにはいきません。取り除きたい雑草以外に薬剤がつかないように注意しながら行います。

つる性雑草を引き出す

塗布しやすいように、つる性雑草だけを手前に引き出す。

葉の表裏に薬剤を塗る

引き出したつる性雑草の葉に塗る。裏側にも忘れないように塗る。

塗布したらそのまま放置する

葉から根に薬剤が浸透していくので、そのまま放置する。つるを切ってしまわないように注意する。

シチュエーション ②

芝生の庭に生えた雑草

ここでの注意点は、除草剤が「選択性」の芝生専用であること。芝生専用でない除草剤を使うと芝生が枯れることがあります。

さらに、西洋芝なのか和芝なのかによっても使う除草剤が変わるので、庭の芝生の種類がどちらであるかを確認してから除草剤を選ぶ必要があります。

除草剤と水をよく混ぜ合わせる

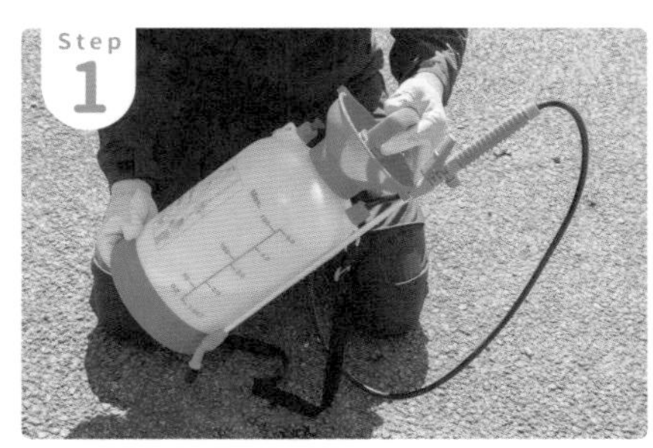

噴霧器のタンクに入っている除草剤と水をシェーカーのようによく振って混ぜ合わせる。

加圧する

噴霧器のピストンを上下させ、ピストンを押せなくなるまでタンク内の空気に圧力をかける。

噴霧する

目当ての雑草に噴霧器のノズルを近づけ、たっぷりと噴霧する。薬剤は使い切る。

どうする!? こんな場合

狭い範囲ならジョウロを使う

取り除く雑草が狭い範囲にしか生えていない場合は、わざわざ噴霧器を使わず、ジョウロで散布してもいい。

シチュエーション ③

芝生のない庭に生えた雑草

　ここは芝生専用でない除草剤を使います。手順は芝生での噴霧と同じですが、広範囲に雑草が生えているからと漫然と噴霧するのではなく、ひとつひとつの雑草の葉と茎に吹きつけるように意識して行います。

　土のほうに散布しても分解されてしまうので効果は得られません。

除草剤と水をよく混ぜ合わせる

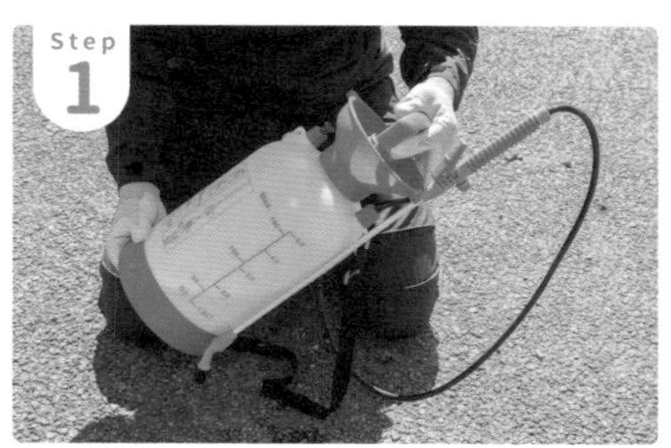

噴霧器のタンクに入っている除草剤と水をよく振って混ぜ合わせる。

加圧する

噴霧器のピストンを上下させ、ピストンを押せなくなるまでタンク内の空気に圧力をかける。

噴霧する

雑草の葉や茎を中心に噴霧する。薬剤は使い切る。

どうする!? こんな場合

近くに植栽があったら

枯らしたくない樹木や花の近くに噴霧する際は、除草剤が広い範囲に飛ばないよう、飛散防止カバーをつけるといい。

シチュエーション ④

プランターや花壇などに生えた雑草

プランターや花壇などに生えた雑草に噴霧するわけにはいきません。大切な草花を枯らしてしまいます。小さな霧吹きボトルに薬剤を入れ、吹きつけるようにしましょう。その際、草花にかからないようにボードなどを用意すると便利です。

ボードなどで雑草と草花を隔てる

ボードなどを使い、取り除きたい雑草と薬剤を避けたい草花のあいだに壁をつくる。

除草剤を吹きつける

霧吹きを使って、取りたい雑草に吹きつける。

シチュエーション ⑤

植栽がないところに生えた雑草

顆粒の除草剤の場合、土に浸透させることが目的なので、葉にまくのではなく、露出した土にまくことを意識しましょう。なお、袋から直接除草剤をまいてもいいのですが、写真のように専用容器を使うと均一に散布できます。

専用容器に移し替える

粒状の除草剤を専用容器に移し替える

まんべんなく散布する

除草剤をまんべんなくまく。粒状の除草剤は取り置きできるので、余ったら戻しておく。

ゼニゴケとスギナの除草方法

◎ ゼニゴケには専用除草剤を用いる

ゼニゴケは、ほかの雑草と同じ除草剤では効果が期待できません。ゼニゴケ専用の除草剤を用意してください。液体タイプと粒状タイプがありますが、粒状タイプであっても水で溶いて使用する場合が多いです。液体タイプには、最初から希釈されているストレートタイプもあります。

液体除草剤を噴霧する

◎ スギナならではの除草方法

スギナの場合、顆粒のカソロンをまくのが一般的です。ほかの除草剤であっても分量（薬量や希釈水量）が特別に設定されていることがあるので、表示ラベルを確認してください。散布する際は、スギナが生えているところだけでなく、生えていないその周辺にも散布するようにします。また、土壌改善でスギナの勢いを止める方法もあります。スギナは酸性土壌を好むので、アルカリ性の石灰をまくのもひとつの方法です。

顆粒の除草剤をまく

6

章

雑草を増やさない 防草の工夫

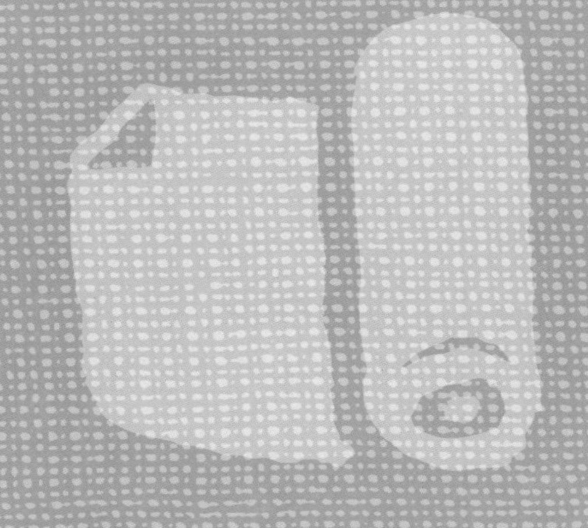

防草シートを利用して雑草が生い茂るのを予防する

◎防草のコツは日光を当てないこと

ここまで、雑草をいかに効率よく、楽に取り除くかについて見てきました。これはいわば、「いまそこに生えている雑草」への対処方法です。

この章では、「雑草が生えないようにする」という予防方法について考えます。雑草が生えることを予防するときのポイントは日光の遮断です。ほとんどの植物が、発芽したり生長したりするときに太陽光の力を利用しています。つまり、日光を遮断してしまえば、植物は生長しづらくなるのです。

この章で解説する防草シート、またその上に敷くことが多い人工芝や化粧石（けしょういし）なども、地面に日光が当たらないようにするのが、いちばんの目的です。

◎見栄えにもこだわりたい

完全に日光を遮るなら、コンクリートで固めたり、野菜畑で見かける黒いビニールシート（「マルチ」と呼ばれる）で覆ったりしてしまえばいいのですが、水はけが悪くなりますし、なにより見栄えがよくありません。

最近では、遮光性を保ちつつも浸水性のある防草シートや人工芝が登場しているので、ずいぶん便利になっています。防草シートの上に化粧石を敷く場合は、防草という意味だけでなく、庭などの見栄えも大きく左右するので、場所にあったものを選びましょう。

防草シートは、紫外線や風雨によって経年劣化します。シートの種類や場所の環境にもよりますが、おおよそ３～４年を目途に張り替えるのが望ましいでしょう。

黒い防草シートの上に敷いた化粧石

玄関アプローチ横に敷いた人工芝

◎ 防草シートを張るのに適した時期

防草シートを張るのにもっとも適しているのは、雑草が枯れ、休眠する秋から冬にかけての時期です。枯れ始めている雑草の草取りは、夏場と比べて容易ですから、まずは草取りをしてから防草シートを張るようにします。

また、雪がよく降る地域であれば、初雪の前に防草シートを張っておくようにします。

防草シートカレンダー

	2月	3月	4月	5月	6月	7月	8月	9月	10月	11月	12月	1月
雑草の状態	発芽・発生期			生育盛期				生育晩期			休眠期	
防草シート	←→								←→			

◎ 防草シートを張るときのポイント

140 ページからは、実際に防草シートを張る手順を紹介していきますが、どのケースでもその手順とポイントはつぎの通りです。

① 防草シートを張る前に草取りを行う

雑草の根が地中に残っていると、たとえ日光を遮っていても雑草が生えてきてしまう場合があります。前もってなるべく取り除いておくことです。

② すき間なく防草シートを張る

すき間があると、そこから雑草が生えてくることがあります。敷きつめるイメージでていねいに張るよう心がけましょう。

③ 人工芝や化粧石などを敷く

場所によっては防草シートを張るだけでもよいのですが、見栄えをよく、さらに日光の透過を防ぐために、人工芝や化粧石を敷きつめてもいいでしょう。これらの方法については後述します。

人目の気にならないスペースに防草シートを張る

◎防草シートにはどんな種類があるの？

防草シートは、織布（しょくふ）の素材、色、厚さの違いなど、さまざまな種類がありますが、いちばんの違いは、織布の密度（目のつまり具合）です。これにより遮光性による防草効果に差が出てきます。また、取り替える頻度にもかかわるので、用途や場所に応じて選びましょう。

密度の違いによる特徴

低 ← 密度 → 高

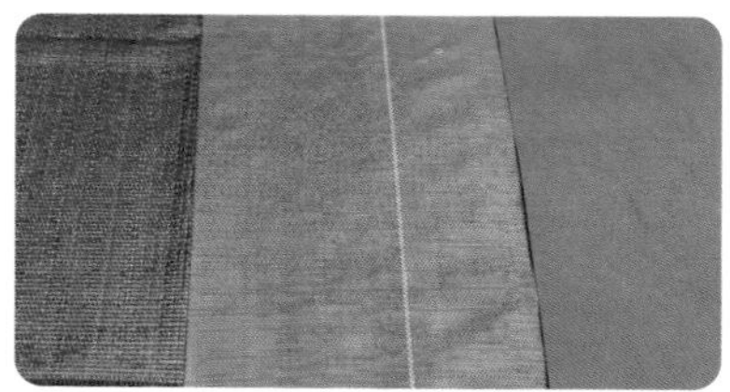

密度が低い	
遮光性	低
耐久性	低
取り替え	多
価格	安

密度が高い	
遮光性	高
耐久性	高
取り替え	少
価格	高

◎ピンにはどんな種類があるの？

防草シートを地中に留めるためのピン（マルチ押さえ）にも、いくつかの種類があります。防草シートとセットで売られている場合もありますし、個別にも購入できます。ここでは、代表的な３つの種類のピンを紹介しておきます。

金属製

金属製の足に留め具がある。硬い地面に打ち込むのに向いている。

ストレートタイプ

足の部分がストレートタイプのプラスチック製。もっとも一般的なタイプ。地面が硬くなければ、打ち込みやすく扱いやすい。

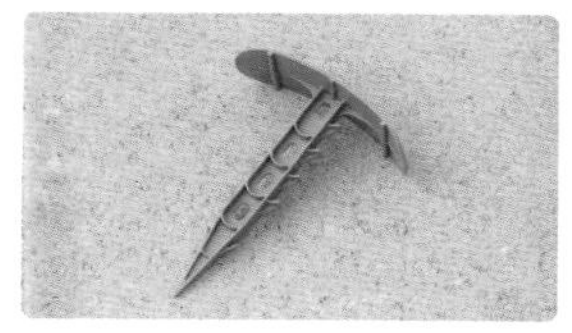

返しのあるタイプ

足の部分に返しのついたプラスチック製。返しは、シートが風にあおられてもピンが外れない工夫だが、打ち込みづらさがある。

◎ 防草シートを張る手順

家の裏側や人目につかない場所で、防草のみを目的とするなら防草シートだけでもいいでしょう。その上に人工芝や化粧石などを敷く必要はありません。雨や日光が直接当たることになるので耐久性は落ちますが、張り替え時の作業は楽になります。

雑草を取り除き、土をならす

雑草を取って平らにならす。根が残っていたらカマで断ち切る。

ワンポイント

水平になるよう整地する

平らにならしたつもりの地面でも、段差や傾斜が残っている場合がある。そのまま防草シートを張ってしまうと雨水が流れ込んだりして、雑草が生える原因になる。できるだけ水平に整地する。

防草シートを切り、張る場所に敷く

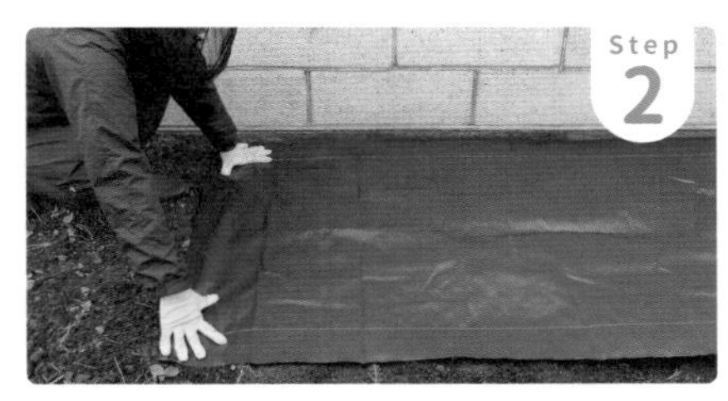

場所の大きさに合わせて防草シートを切り、張る場所に敷く。しわにならないように注意する。風のないときに行うのが望ましい。

ワンポイント

防草シートのつなぎ目は重ねて

防草シートのつなぎ目は10cmくらい重ねる。シート同士のすき間をなくすことで、雑草が生えるのを防ぐ。

ピンを打つ

防草シートの隅からピンを打って固定する。ピン同士の間隔は、おおよそ20cmおきに。

ワンポイント

ピンをシートぎりぎり打たない

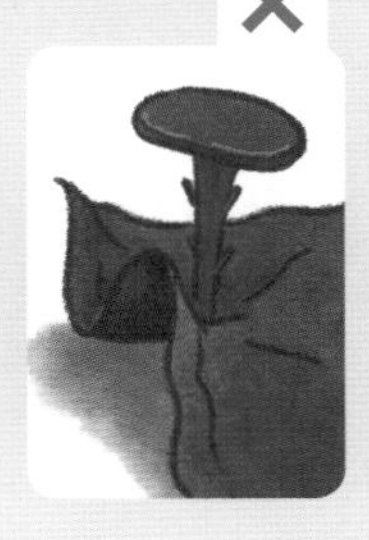

シートぎりぎりにピンを打つと、端がよれあがってすき間ができてしまう。少し内側にピンを打つ。

見栄えのある人工芝を使って防草する

◎ 人工芝にはどんな種類がある？

本来なら、庭に本物の芝生を敷きつめたいところですが、その後の管理が大変なので踏み切れないという人は多いはずです。手間をかけられないなら、人工芝を候補に入れてもいいかもしれません。最近では本物の芝生と見まがうような人工芝が登場しています。

人工芝はどれも合成樹脂ですが、ナイロンやポリプロピレン、ポリウレタンなどさまざまな素材があります。ただ、注目すべきは素材よりも、芝の密度（つまり具合）と丈の高さです。

一般的に密度が低いタイプは丈も低く、そして安価です。一方、密度が高いものは丈の高いタイプが多く、価格も高くなります。丈の高さは、低いもので20mm くらい、高いものでは 35mm くらいが一般的です。

もちろん、密度が高く、また丈が高ければ遮光率が上がるので、防草効果も高くなります。ただ、費用はかかるので、庭の広さに応じて選ぶといいでしょう。

人工芝の種類

〈密度〉低　〈丈〉20mm

〈密度〉中　〈丈〉25 mm

〈密度〉高　〈丈〉35 mm

◎ 人工芝を敷く手順

玄関周りや庭など、人目につく場所には雑草が生えてほしくないものですが、そういう日当たりのいい場所こそ、雑草は生えやすいものです。このような場所に人工芝を敷くことは、高い雑草予防になりますし、美観も損ないません。ここでは人工芝の敷き方のポイントを紹介します。

雑草を取り除き、整地する

まず雑草を取り、整地する。砂を敷いている場合はレーキでならす。

防草シートを張る

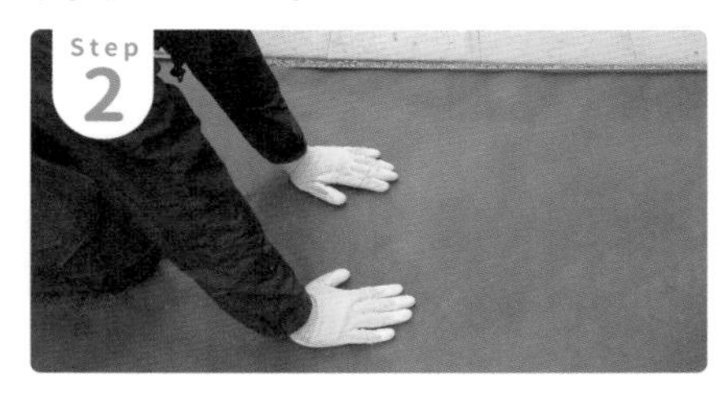

しわやよれが出ないように手で伸ばす。

防草シートの上に人工芝を置く

大きさに合わせて人工芝を切り、防草シートの上に置く。防草シートにしわができないように、手で押さえて空気を逃すといい。

人工芝にピンを打つ

人工芝用のピン（購入時に付属されている場合が多い）を人工芝の穴に通して打つ。穴の位置がわかりづらい場合は、裏面から探す。

ワンポイント

芝目をそろえて敷く

人工芝には芝目がある。人工芝のロールを並べる際には、芝目がそろうように敷くと自然に見える。また、ふだん見る方向に葉先を向けるときれいに見える。たとえば屋内からの眺めを楽しみたいなら、家側へ葉先を向ける。

×

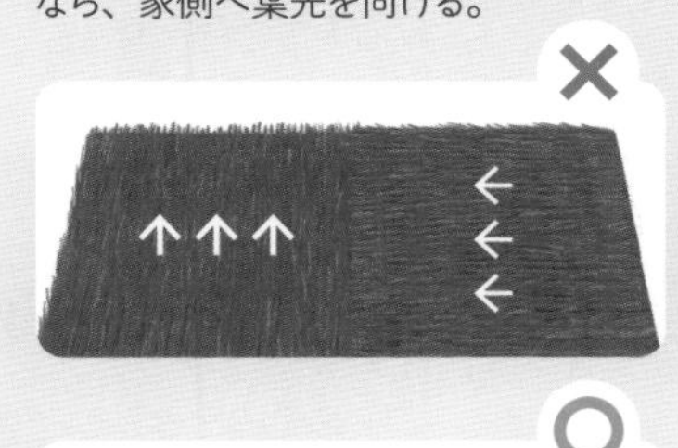

○

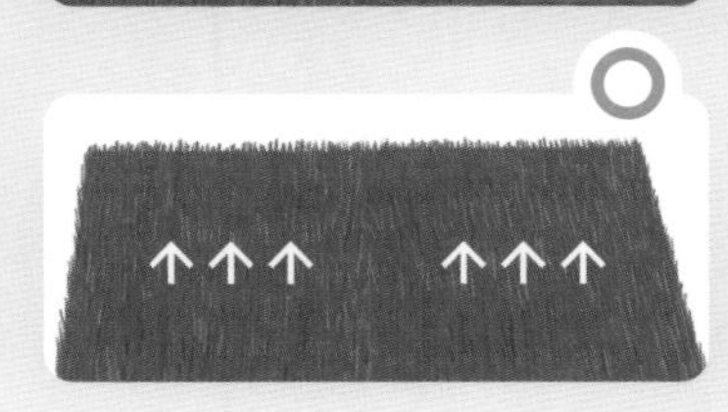

防草シートと化粧石で庭をアレンジする

◎ 庭を演出する化粧石の種類

防草の点からいえば、粒が小さい石のほうがすき間がなくなるので、光を遮るのに有効です。しかし、風雨で飛び散ってしまいやすいという難点があります。

庭の雰囲気は、どの石を選ぶかによって大きく変わります。和風、洋風、あるいはどちらにも合う化粧石（けしょういし）があるので、敷く場所と庭のイメージに合わせて選びましょう。ここでは、代表的な 5 種類を紹介します。

化粧石の種類と特徴

種類	特徴	用途タイプ
五色玉砂利（ごしきたまじゃり）	小粒なものから大粒なものまであり、いずれも角がとれて丸い。白、茶、青、灰などさまざまな色味の石が混ざっている。雨で濡れると色味が鮮やかになり、雰囲気が変わる。	和
白川砂（しらかわすな）	比較的小粒で、全体に白色の石。硬度があるためくだけにくく長持ちする。寺社仏閣によく用いられている。	和
白玉砂利（しらたまじゃり）	白い石灰岩をくだいた砂利。角を残したタイプや角を丸くしたタイプがあるので、庭の雰囲気に合わせて選べばよい。幅広く使える。	和洋
河川黒玉石（かせんくろたまいし）	やや大粒で形状は丸く平べったいものが多い。濡れると黒光りして映える。玄関アプローチなどに使われることが多い。	和洋
クラッシュイエロー	小粒でとがっていて、黄色というよりアイボリーに近い発色。敷き砂利として使われることが多く、用途が幅広いのが特徴。	和洋

◎化粧石を敷くまでの手順

大きな石や岩、土地の起伏を活かした築山(つきやま)や草木を配置するのが、日本庭園の本来のスタイルです。砂利で水をイメージさせるのもその特徴です。

ここでは日本庭園風の防草を紹介します。石や岩があって起伏に富んだ庭は、平坦でないため草刈り機も使いづらく、こまめに手入れをしないと雑草が繁茂していまいがちです。雑草対策とあわせて、思い切ってリメイクしてもいいかもしれません。

雑草を取り除く

雑草を取り除き、地表を露出させる。根が残っていたらそれも取る。その後に除草剤をまいてもいい。

地形に合わせて防草シートを張る

岩が突出していたら、岩の形に沿ってカッターで切る。このとき、岩の形ぴったりに切ると、シートに余裕がなくなり地面が露出してしまうので、余裕をもって大きめに切る。

防草シートにピンを打つ

防草シートにピンを打つ。地形が複雑な場合は、防草シートの縁に沿って、おおよそ20cmごとを目安に多めにピンを打つ。

庭石を敷いて化粧する

化粧用の石を防草シートの上にまんべんなく敷きつめ、凹凸がないよう手でならす。防草シートの地色が見えなくなるくらいたっぷりと敷く。

防草シートとチップで洋風のあしらいを目指す

◎ 洋風を演出するウッドチップやデコレーションモス

玄関ドアアプローチやレンガで仕切った花壇などに、洋風のデザインが取り込まれているなら雑草予防を兼ねて洋風にアレンジしてもいいでしょう。

防草シートの上に敷きつめる化粧をウッドチップやデコレーションモスでまとめると、洋風の仕上がりになります。

防草の点からいえば、化粧石（けしょういし）のときと同じく、できるだけ粒の小さめのチップをすき間なく敷きつめたほうが、防草効果は高いです。

チップの種類と特徴

ウッドチップ

ウッドチップは、スギやヒノキ、クスノキなどの樹木を砕いて小さくしたチップのこと。その自然な色合いが、洋風なデザインによくマッチする。

バークチップ

バークチップは、マツなどの木の樹皮を粉砕してチップにしたもの。自然素材のウッドチップやバークチップは、時間の経過によって少しずつ土にかえるので、補充する必要がある。

デコレーションモス

デコレーションモスは、花壇やプランターなどに敷くもので、土壌改良材として使われることもある。ただ防草シートの上の化粧として利用してもいい。軽いので、風で吹き飛んでしまうことが多いため補充が必要。

◎ 玄関アプローチをアレンジ

玄関アプローチまでの踏み石をウッドチップで防草処理する方法を紹介します。整地する際は、石の縁に土がたまって傾斜ができてしまいがちなので、その部分は削って平らになるようにします。こうすることで、石と石の狭いところでも防草シートがきれいに張れます。

この踏み石の周りは雑草が生い茂っていましたが、周囲を洋風に化粧したことで、イメージががらっと変わりました。

before

雑草を取り除き、平らに整地する

踏み石周辺の雑草を取り除き、地表を露出させたら、長柄三角ホーを横に倒して土をならす。その後に除草剤をまいてもいい。

ここに注意！

石の縁や壁際は土がよりやすい

石の縁や壁際は、土がよってしまい盛り上がってしまうので、平らになるよう入念に土をならします。

防草シートを張り、ピンを打つ

防草シートを張り、ハンマーなどでピンを打つ。石と石のあいだにも防草シートを張る。石の形に切り抜くのが難しい場合は、左右の防草シートとは別に、短冊上に防草シートを切って石のあいだに敷く。

ウッドチップを敷いて化粧する

化粧用のウッドチップを防草シートの上にまんべんなく敷きつめ、凹凸がないよう手でならす。防草シートの地色が見えなくなるまでたっぷりと敷く。

さくいん （五十音順）

さくいん （五十音順）

〔 参考図書 〕

伊藤操子『多年草雑草対策ハンドブック』（農山漁村文化協会）
岩槻秀明『最新版　街でよく見かける雑草や野草がよーくわかる本』（秀和システム）
西尾剛『庭・畑・空き地、場所に応じて楽しく雑草管理　草取りにワザあり！』（誠文堂新光社）
稲垣栄洋『散歩が楽しくなる雑草手帳』（東京書籍）
ひきちガーデンサービス他『雑草と楽しむ庭づくり―オーガニック・ガーデン・ハンドブック』（築地書館）
『農家が教える 草刈り・草取り　コツと裏ワザ』（農山漁村文化協会）

〔 ウェブサイト 〕

国立環境研究所「侵入生物データベース」

〔 写真提供 〕

PIXTA

● 監修者プロフィール

神津 博（こうづ・ひろし）

株式会社神津造園建設代表取締役。東京農業大学農学部造園学科（現在の造園科学科）卒。大学卒業後、東京の植物卸問屋で園芸・植栽・種苗販売などの経験を積んだのち、長野県佐久市で祖父の代から続く家業の造園業を継ぐ。現在、長野県とその近県を中心に、公共施設の植栽事業、個人邸宅の造園事業、生花の販売業など幅広く手がけている。

● 執筆協力 ：奈落一騎
● 撮　　影 ：坪井良昭、大関 敦、山上雅子
● 撮影協力 ：神津造園建設、八木 稔
● コーディネーター ：高橋 修
● 本文デザイン ：イナガキデザイン
● イラスト ：いわせみつよ、タダトモミ
● 編集協力 ：ロム・インターナショナル
● 編集担当 ：原 智宏（ナツメ出版企画）

ナツメ社 Webサイト
https://www.natsume.co.jp
書籍の最新情報（正誤情報を含む）はナツメ社Webサイトをご覧ください。

本書に関するお問い合わせは、書名・発行日・該当ページを明記の上、下記のいずれかの方法にてお送りください。電話でのお問い合わせはお受けしておりません。

・ナツメ社webサイトの問い合わせフォーム
　https://www.natsume.co.jp/contact
・FAX（03-3291-1305）
・郵送（下記、ナツメ出版企画株式会社宛て）

なお、回答までに日にちをいただく場合があります。正誤のお問い合わせ以外の書籍内容に関する解説・個別の相談は行っておりません。あらかじめご了承ください。

かんたん！らくらく！草取りのコツ

2023年 4 月 1 日　初版発行

監修者　神津 博
発行者　田村 正隆

発行所　株式会社ナツメ社
東京都千代田区神田神保町1-52　ナツメ社ビル1F（〒101-0051）
電話　03（3291）1257（代表）　FAX　03（3291）5761
振替　00130-1-58661
制　作　ナツメ出版企画株式会社
東京都千代田区神田神保町1-52　ナツメ社ビル3F（〒101-0051）
電話　03（3295）3921（代表）
印刷所　ラン印刷社

ISBN978-4-8163-7352-7　Printed in Japan
〈定価はカバーに表示してあります〉〈乱丁・落丁本はお取り替えします〉